AF369465

LE PAPIER

ÉTUDE SUR SA COMPOSITION

ANALYSES ET ESSAIS

PAR

E. HOYER

PROFESSEUR A L'ÉCOLE SUPÉRIEURE TECHNIQUE DE MUNICH

Traduit de l'allemand avec l'autorisation de l'Auteur
Avec trois planches tirées à part

PARIS

EVERLING ET KAINDLER

14, RUE DE CONDÉ, 14

1884

PRÉFACE

Le papier joue dans la civilisation deux rôles également importants.

Il sert à transmettre à la postérité la synthèse des faits et des événements de notre vie scientifique, sociale ou politique, ou bien, se bornant à en recevoir pour ainsi dire la trace journalière, il en répand la connaissance parmi les contemporains, leur permettant ainsi d'en tirer un enseignement utile et immédiat.

Le papier doit donc nécessairement posséder des qualités de solidité et de durée proportionnelles aux exigences de sa double mission.

Il se fabrique aujourd'hui en Europe environ 1,720,000 tonnes de papier par an, pour lesquelles on ne dispose que de 1,110,000 tonnes de chiffons (1),

---

(1) D'après une statistique récente que nous devons à l'obligeance du docteur A. Rudel voici les chiffres de la production annuelle du papier en Europe et ceux des quantités de matières employées :

PAYS DE PRODUCTION	PAPIER FABRIQUÉ	CHIFFONS PRODUITS	BOIS MÉCANIQUE	BOIS CHIMIQUE	PAILLE ET SPARTE
	Tonnes	Tonnes	Tonnes	Tonnes	Tonnes
Allemagne..........................	445.500	226.000	150.000	25.000	52.500
Autriche...........................	149.000	118.000	54.000	7.000	19.000
Belgique et Hollande..............	78.000	40.000	3.500	4.000	25.000
Danemark, Suède et Norwège.......	43.000	24.000	39.000	6.000	8.000
Espagne et Portugal...............	60.000	72.000	600	»	23.000
France	287.000	151.000	7.500	4.800	9.000
Grande-Bretagne	464.000	176.000	»	1.400	127.000
Italie.............................	78.000	85.000	750	1.000	10.500
Russie.............................	98.000	163.000	20.000	»	6.000
Suisse.............................	14.000	11.000	8.500	2.000	3.000
Turquie et Grèce..................	1.200	15.000	»	»	»

(*Note du Traducteur.*)

Poids au mètre carré = 120 gr. — Cendres = 1.07 %.

la différence étant fournie par d'autres matières premières qui ne possèdent qu'à un degré bien inférieur les qualités nécessaires de solidité. On s'explique donc parfaitement que, dans ces derniers temps, la confiance dans les qualités du papier ait diminué de plus en plus, et que la question préoccupe sérieusement les administrations publiques ou privées, et en général tous les consommateurs.

Désireux de coopérer à la solution de cette question si importante pour le fabricant comme pour le marchand et le consommateur, je me suis occupé, depuis quelques années, à en fixer l'état réel, et à déterminer la juste limite entre les exigences et les besoins, pour trouver les moyens propres à rétablir l'équilibre quelque peu détruit entre les prétentions du consommateur et les efforts du producteur.

J'ai remarqué que la consommation n'a cessé de porter ses exigences sur deux points : l'apparence extérieure du papier et son prix, n'attachant, depuis longtemps, qu'une importance moindre à la question de la solidité du produit.

Pour répondre à ces exigences du consommateur, il ne reste au fabricant d'autres moyens que de blanchir à outrance les matières fibreuses employées, d'y ajouter des substances minérales et de nombreux succédanés de qualité inférieure ; il arrive par ces moyens à la blancheur et à l'apprêt demandés, tout en restant dans la limite la plus extrême des prix. Il en est résulté que la production annuelle de pâte de bois mécanique est arrivée au chiffre énorme de près de 300 millions de kilog.; celle de la pâte de bois chimique à 50 millions et celle de la pâte de paille et de sparte à 280 millions de kilog.; qu'il s'emploie annuellement, dans les fabriques européennes, 120 millions de kilog. de matières minérales, et qu'enfin il n'est plus rare de trouver sur le marché des papiers ayant encore une certaine apparence, qui sont composés de 80 % de pâte de bois mécanique et de 20 % et plus de substances minérales.

Tant que ces sortes de papiers sont employées pour des usages d'importance secondaire, par exemple pour des cahiers d'écoles, pour des correspondances journalières ou pour des impressions ordinaires dont l'existence ne doit être qu'éphémère, le mal n'est pas grand ; leur production permet, au contraire, de réserver les bonnes matières pour les papiers qui exigent une grande durée.

Mais il en va tout autrement si ces produits de l'industrie moderne sont utilisés pour des documents importants, par exemple pour des registres de l'état civil, des rôles du cadastre, des archives, etc.; dans ce cas, il peut y avoir danger à les employer.

J'ai pu constater que ce cas se présente plus fréquemment qu'on ne le croit : parmi les papiers employés dans les administrations des huit districts de la

Bavière, que j'ai soumis à des essais, je n'en ai pas trouvé un seul qui fût bien conditionné pour l'emploi auquel il est destiné.

A partir du moment où la confiance en la solidité de nos papiers actuels commença à faiblir, on attribua la cause principale de l'infériorité des produits à la décadence de la fabrication à la cuve et à l'emploi de la machine à papier ; la rivalité entre les deux fabrications se fit de nouveau sentir, sans que d'ailleurs les partisans de l'un ou de l'autre camp pussent appuyer leur opinion d'arguments concluants. Il en est résulté que les papiers à la forme ont repris faveur depuis quelque temps, et il m'a paru nécessaire, en présence de ces faits, de bien établir la différence qui existe entre les deux catégories de papier.

Ces considérations permettaient en même temps de poser ainsi la question dont cet opuscule se propose de donner la solution :

Quelles sont les propriétés ou qualités que doit posséder un papier pour qu'il réponde complètement au but auquel il est destiné ?

Il ne suffit pas, pour répondre à cette question, d'énumérer simplement ces propriétés, de les définir et de les évaluer, il faut encore établir les bases sur lesquelles elles reposent, et enfin donner les voies et moyens qui permettent de soumettre le papier à des essais simples et pratiques relativement à ces propriétés.

La première partie de la question n'a pu être résolue qu'au moyen de nombreux essais faits sur des sortes de papiers ayant répondu complètement au but qu'ils devaient remplir.

Les anciens papiers à la forme, possédant toutes les qualités que l'on doit rechercher ici, étaient éminemment propres à ces essais et permettaient de porter un jugement comparatif sur des papiers d'autres sortes. Pour ce motif, j'ai soumis à des essais un grand nombre de ces papiers de fabrication ancienne qui avaient été, de plusieurs côtés, gracieusement mis à ma disposition.

Les résultats de ces essais m'ont permis de tirer des conclusions pouvant servir de point de départ dans la critique de tous les papiers ; on les trouvera énoncées plus loin dans le tableau des types ou normes des papiers.

Ces bases ayant été établies, il s'agissait d'analyser les papiers d'aujourd'hui et de comparer les résultats obtenus avec ceux donnés par les papiers ayant servi de type ; ces analyses devaient être faites aussi bien sur des papiers mécaniques que sur des papiers à la forme de fabrication récente, et j'ai trouvé qu'il existe un grand nombre de fabriques de papier mécanique dont les produits répondent à toutes les exigences. Le papier à la main continuera donc à être considéré comme un produit de luxe, et ne trouvera pas un emploi très important lorsqu'il s'agira d'une grande consommation, comme, par exemple, dans les administrations. J'ai même trouvé des papiers mécaniques qui sont bien supérieurs au papier à la forme.

En faisant ces expériences dans le but d'étudier les qualités ou propriétés du papier et de les faire servir de bases aux types fixes ou *normes*, j'avais encore un autre but : celui de trouver une méthode pratique et facile d'analyse qui permît aux hommes du métier, c'est-à-dire aux fabricants de papiers, comme aux marchands, aux imprimeurs, aux employés d'administration, et en général à tous les consommateurs, de rechercher et d'établir, sans grandes peines ni pertes de temps, les qualités principales d'un papier.

Je pense avoir trouvé cette méthode dans la mesure des moyens dont nous disposons aujourd'hui, et je considère comme une obligation de la porter à la connaissance du public papetier.

Ainsi s'expliquent le but et la division de cette brochure.

Il me reste à remercier les personnes qui m'ont si gracieusement prêté leur concours dans mon travail plein de difficultés, soit en mettant à ma disposition de nombreux échantillons de papiers, soit en m'aidant de leurs idées et des expériences qu'elles avaient déjà faites. Parmi ces personnes, je tiens à citer M. Kiliani, préparateur du cours de chimie à notre École polytechnique, qui m'a fourni de nombreux résultats d'expériences d'incinérations de papier, et qui est l'auteur de la méthode pour reconnaître la colle animale dans le papier, indiquée dans le Chapitre III, ainsi que M. Bekh, fabricant de papier à Faurndau (Wurtemberg), et M. Zeller, fournisseur de la chancellerie royale à Munich.

L'éditeur a bien voulu, de son côté, suivre mon avis et employer pour cette publication dix sortes différentes de papier, dont l'analyse est indiquée sur la première page de chaque demi-feuille ; cette indication démontre que l'apparence extérieure d'un papier, souvent trompeuse, ne répond pas toujours à sa composition même (1).

(1) La traduction de cette brochure est imprimée, de son côté, sur dix sortes différentes de papier, portant chacune l'analyse de sa qualité.

(Note du Traducteur.)

SOMMAIRE

I

CONSIDÉRATIONS GÉNÉRALES

Le papier est un produit artificiel obtenu, sous forme de feuilles ou de planches de dimensions et d'épaisseurs variables, au moyen de matières fibreuses très divisées et délayées en une masse liquide. Pendant l'extraction graduelle de l'eau qui tient ces matières fibreuses en suspension, celles-ci s'enchevêtrent de manière à former, par une sorte de feutrage, une feuille compacte et d'épaisseur uniforme.

Diverses propriétés constituent les qualités de ce produit; ce sont surtout sa ténacité et sa durabilité, puis aussi sa texture uniforme et l'apparence lustrée de sa surface. On peut donc admettre généralement qu'un papier est de qualité d'autant meilleure qu'il réunit plus complètement ces conditions dans leurs proportions relatives.

Par ténacité du papier, on entend la résistance opposée par la feuille, soit à un effort exercé contre sa surface, par exemple l'effort produit par le bout du doigt poussé contre une feuille tendue, soit à la déchirure par une corde entourant un papier d'emballage, soit encore à la rupture, lorsque la feuille est pliée ou froissée.

La durabilité, au contraire, est la propriété que possède le papier de ne subir aucune altération de sa ténacité pendant un temps plus ou moins long.

Lorsqu'une bande de papier se déchire, sa contexture peut être détruite, soit par la séparation des fibres, soit par leur rupture ; dans les deux cas, et toutes autres conditions égales, la solidité du papier est en raison directe de la résistance des fibres à la déchirure.

La résistance des fibres à la rupture constitue leur solidité absolue ; celle opposée à la séparation de ces fibres, et résultant de leur cohésion et de leur frottement, est déterminée par une force de compression entre elles et par la conformation de leur surface.

Le coefficient du frottement augmente, en effet, en raison de l'inégalité de celle-ci. Ce frottement sera, par conséquent, d'autant plus considérable que les fibres seront plus rapprochées et plus fortement entrelacées.

Mais comme le nombre des entrelacements peut augmenter avec la longueur des fibres, il s'ensuit que les fibres de grande longueur favorisent singulièrement la solidité du papier.

Par contre, la séparation des fibres exigeant un plus grand effort que leur rupture, il est clair que l'excès de force ainsi développé reste sans aucune influence sur la ténacité du papier ; que, par conséquent, le papier est à son maximum de résistance lorsque l'effort de la séparation des fibres est égal à celui de leur rupture, et enfin que leur longueur devra être dans un rapport déterminé avec leur solidité absolue et avec leur épaisseur. Ce n'est pas seulement, en effet, cette ténacité absolue qui augmente en proportion de l'épaisseur de la fibre, mais encore sa résistance contre les plis et la rupture ; mais comme, d'un autre côté, la flexibilité diminue en proportion de l'augmentation de l'épaisseur, il est certaines limites d'épaisseur qui ne pourraient être dépassées qu'aux dépens de la souplesse du papier.

La durabilité du papier se trouve dans un certain rapport avec sa ténacité, car elle est indiquée par la diminution successive de celle-ci, jusqu'à la rupture en morceaux ou la désagrégation. On doit évidemment chercher la cause de cette désagrégation dans certaines réactions chimiques se trouvant dans le voisinage du papier et qui décomposent la matière proprement dite de ce dernier.

Cette décomposition peut prendre un temps plus ou moins long, suivant que ces substances agissent plus ou moins fortement ou que la matière du papier résiste plus ou moins à leur absorption.

C'est ici le cas de rappeler que l'altération successive et fréquemment observée du papier est le plus souvent le résultat d'une espèce de putréfaction, car on a remarqué que le papier se détruit d'autant plus rapidement que son entourage favorise davantage cette décomposition. D'ordinaire, cette altération est accompagnée d'un changement de la teinte : le papier blanc commence par jaunir, pour prendre à la fin une teinte brun clair et même brun foncé. Beaucoup de fabricants attribuent cette brunissure au passage du papier, pendant sa fabrication, sur les cylindres sécheurs en fonte ; le papier absorbe du fer qui s'oxyde avec le temps et produit cette couleur brune, de même que se produisent les taches de rouille sur le linge. Ceci peut être la cause dans certains cas ; mais, abstraction faite de la quantité de fer déjà relativement grande qui est nécessaire pour produire cette coloration, celle-ci se présente également, et même d'une manière très intense, alors qu'il n'existe pas la moindre trace de fer dans le papier.

Suivant une autre opinion, cette coloration en brun est le résultat de l'oxydation de la chlorophylle ou matière colorante des feuilles ; mais cette hypothèse tombe d'elle-même devant l'absence de toute parcelle de chlorophylle dans les parties des plantes fibreuses employées à la fabrication du papier, c'est-à-dire dans les cellules libériennes ou ligneuses.

Il me semble plus logique d'attribuer cette altération à la formation d'*humus* ou substance organique du sol de la plante, et cette opinion s'accorde à la fois avec la cause mentionnée de la destruction graduelle du papier, et en général avec les conditions naturelles de la cellulose.

Celle-ci ne s'altère pas à l'air ordinaire, mais se décompose peu à peu sous l'action de l'air humide combiné avec les substances azotées qu'elle contient, et forme des produits ou corps terreux de couleur jaune ou brune. Que cette transformation soit, comme le prétend M. Pasteur, préparée et produite par des infusoires, cela est indifférent à la confirmation du fait en lui-même.

Plus la cellulose est pure, moins facilement elle s'altère, toutes choses égales d'ailleurs ; on peut s'en assurer facilement en soumettant à l'air humide, par exemple sous une cloche en verre, une petite tablette de carton de bois défibré, et en même temps une feuille de papier composée de fibres de lin pures. Le carton ne tardera pas à jaunir, pendant que le papier résistera assez longtemps. Cela indique déjà la nécessité d'employer la cellulose la plus pure possible, si l'on veut produire un papier solide.

Il est de la plus grande importance, pour l'essai du papier, de connaître les matières qui servent à sa fabrication, et de savoir lesquelles d'entre elles possèdent, dans les proportions les plus avantageuses, les propriétés énumérées plus haut. Voici une courte description de ces matières :

A. — MATIÈRES PREMIÈRES

Depuis l'antiquité, on emploie à la fabrication du papier presque exclusivement les fibres végétales ; dans des cas rares et exceptionnels, on s'est servi de fibres animales, comme la soie, les poils, ou des fibres minérales, comme l'amiante, ces deux fibres manquant éminemment des propriétés nécessaires à la formation du papier.

Parmi les fibres végétales se placent en première ligne les fibres formées de cellules annuelles ; c'est probablement le hasard qui a déterminé ce choix.

Bien que l'année de la naissance du papier ne soit pas exacte-

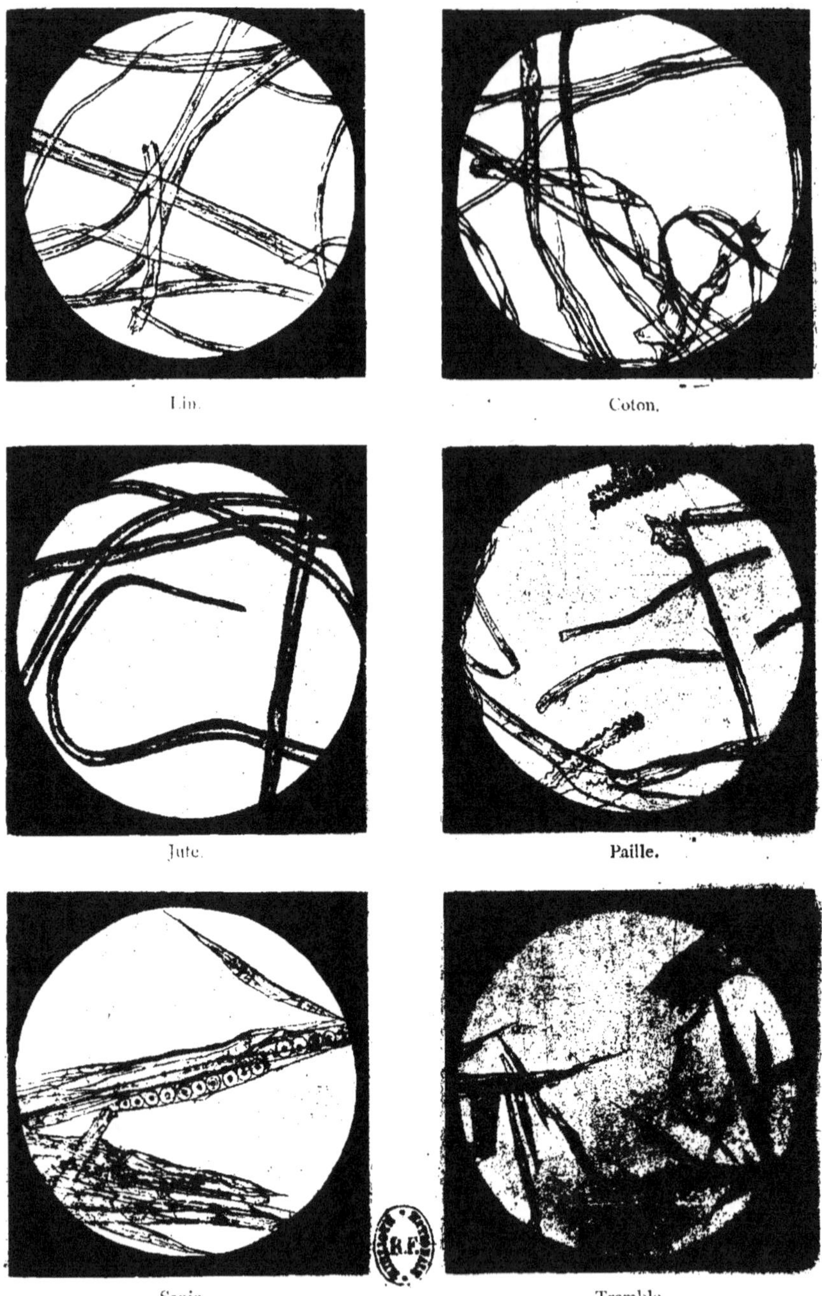

Lin.
Coton.
Jute.
Paille.
Sapin.
Tremble.

ment connue, nous possédons des documents qui établissent que, vers l'an 710, on produisait à Samarkand, centre scientifique du Turkestan (Turkestan russe actuel), un produit fabriqué avec des fibres de coton, fort semblable à notre papier actuel, que les Romains désignaient sous le nom de *Charta cuttunea*. Il est probable que cette fabrication fut apportée par les Arabes, vers le commencement du neuvième siècle, en Italie et en Espagne. La célèbre bibliothèque de l'Escurial possède, en effet, un manuscrit sur papier de coton qui date du dixième siècle. De plus, il est constaté que, vers la même époque, il existait déjà en Espagne des moulins pour la trituration des fibres, et qu'au lieu des fibres brutes, d'un prix élevé, on employait déjà des *déchets de tissus de coton* ou *chiffons*. De l'emploi de ces chiffons de coton à celui des chiffons de fil, il n'y avait qu'un pas. Aussi trouvons-nous dans diverses bibliothèques de l'Europe des manuscrits datant du treizième siècle sur *papier de fil*. Ces deux matières, fil (chanvre et lin) et coton, furent, jusque bien avant dans notre siècle, les seules fibres employées à la fabrication du papier ; elles sont à cellules annuelles ou de première couche.

1) *La fibre de lin* (fig. I, pl. 1) provient du liber qui se trouve sous l'enveloppe extérieure de la plante linaire, et se compose de cellules allongées, anguleuses à leurs deux extrémités, et formant de petits tubes d'environ $0^m,014$ de diamètre moyen. Cette fibre est lisse, flexible, peu élastique et très résistante. Comme elle prend, au feutrage, une position bien uniforme et très serrée, qu'elle conserve invariablement, elle fournit un papier très uni, fin, compact et solide.

2) *La fibre de chanvre* (fig. II, pl. 1), qui provient du liber du chanvre, se rapproche beaucoup de la précédente, dont elle possède les propriétés, la grande finesse exceptée ; elle est très unie, comme celle du lin, très résistante et peu élastique, mais son épaisseur moyenne est de $0^m,022$, soit presque le double de la fibre du lin. Elle se trouve surtout dans la composition des toiles à voiles, à sacs, des cordages et autres matières dures, qui sont plutôt employées à la fabrication de papiers moins fins, et des

sortes de papiers qui exigent une grande résistance, comme les papiers de banque, papiers pour valeurs, documents, etc.

3) *La fibre de coton* (fig. III, pl. 1) forme une cellule simple, allongée, prenant racine dans la graine ou semence de la plante, et finissant en pointe. Pendant sa croissance, elle est remplie de sève qui se dessèche à la maturité. Ses minces parois se rapprochent, et, l'aplatissant comme un tube évidé, lui donnent une forme contournée en hélice. Cette fibre n'est donc pas lisse, et s'attache d'autant moins facilement aux autres qu'elle est très élastique et tend sans cesse à s'écarter de sa première position. Sa résistance étant d'ailleurs bien inférieure à celle de la fibre de lin, elle donne un papier moins uni, moins solide et moins opaque que cette dernière. Le papier de coton est plutôt rugueux, spongieux et absorbant, ce qui le fait rechercher dans certain cas pour l'impression des livres, etc.

Les fibres, convenablement raffinées et transformées en papier, sans addition d'autres matières, produisent le papier dit sans colle, qui a la propriété d'absorber et de filtrer le liquide. Ce papier n'est plus guère employé que comme buvard, papier à filtrer et à imprimer en taille-douce, tandis qu'autrefois tous les papiers servant à l'impression étaient sans colle ; la plupart des papiers employés aujourd'hui sont collés et perdent par cela même leur propriété d'absorption.

Le collage remplit les pores de la feuille, et oblige toutes les petites fibres en saillie à la surface de se coller entre elles et à adhérer fortement au corps du papier, de sorte que celui-ci prend à l'intérieur une texture très compacte, reçoit à l'extérieur une surface lisse et perd sa propriété absorbante.

L'opération qui sert à boucher les pores peut être entreprise, soit sur du papier déjà formé, soit dans la pâte avant la formation de la feuille en additionnant une substance collante qui agit au moment du feutrage de la pâte.

Lorsque la fabrication à la main était la seule connue, le collage en feuilles se faisait à l'aide d'une solution de colle animale ou gélatine. Depuis l'invention de la fabrication mécanique, le collage en pâte, au moyen d'un savon résineux ordinairement additionné de fécule, est généralement le plus employé. Il convient donc d'ajouter aux matières premières employées :

4) La colle animale ou gélatine ;

5) La colle de résine ou colle végétale-minérale, avec addition de fécule.

Enfin, il vient s'adjoindre encore à ces matières les couleurs végétales ou minérales employées à la coloration.

B. — SUCCÉDANÉS

Bien que, jusqu'à ce jour, il reste encore indubitablement établi que les chiffons de toile ou de coton fournissent seuls, et suivant leur nature particulière, une matière fibreuse possédant au plus haut degré toutes les propriétés requises pour la production d'un papier de qualité supérieure, la fabrication du papier s'est vue obligée, avec le temps, de recourir à d'autres matières susceptibles d'être employées, la production de bons chiffons n'étant plus en rapport avec les quantités de fibres nécessaires. Il s'agissait donc de trouver des matières pouvant ou remplacer complètement le chiffon, c'est-à-dire, comme ce dernier, produire à elles seules un papier convenable, ou d'autres, employées comme addition aux chiffons, pouvant contribuer à la formation du papier. Ces derniers succédanés ont, jusqu'ici, rempli le rôle le plus important.

Le chiffon n'a, par lui-même, aucune valeur ; il n'en acquiert que par le travail du ramasseur, et rencontrera dès lors difficilement un remplaçant qui offre les mêmes avantages économiques. Il a déjà reçu, d'autre part, et par son origine même, un degré de préparation pour son emploi en papeterie, ce qui n'est pas le cas pour les matières succédanées ; celles-ci exigent des frais de préparation souvent considérables pour être amenées au même degré.

Il ne s'agit ici, bien entendu, que de papiers moyens et ordinaires, dont les prix sont peu élevés, les fibres de lin devant être réservées pour les papiers fins. Il n'est pas surprenant, par conséquent, que, du grand nombre de succédanés proposés, et dont plusieurs se prêtent bien d'ailleurs à leur emploi en papeterie, si peu aient pu être employés d'une manière suivie et industrielle.

Parmi les matières fibreuses proposées ou utilisées dans la fabrication du papier et dont plusieurs ont trouvé leur emploi en filature comme succédanés du lin, on comprend principalement :

1) Le chanvre de la Nouvelle-Zélande (phormium tenax) ;

2) Le chanvre du Bengale (crotalaria juncea) ;

3) Le chanvre de Manille (musa textilis et musa troglodytarum) ;

4) Le jute (aschut, corchorus capsularis) (fig. IV, *a* et *b*, pl. 1) ;

5) Le chanvre d'aloès ou pite, variétés d'agaves ;

6) Le China-grass ou tschuma (urtica nivea, urtica utilis) ;

7) Le genêt ou bruyère (spartium junceum et spartium scoparium) ;

8) Le genêt d'Espagne ou sparte, alfa (stypa tenecissima et lygeum spartum).

Les recherches sur les succédanés se sont portées souvent sur les matières les plus étranges devant être utilisées en papeterie ; c'est ainsi qu'on a proposé successivement la tourbe, le jonc, les feuilles d'arbres, diverses sortes d'herbes ou de racines, et jusqu'à du fumier de cheval ; mais, en dehors des déchets de filatures de coton, de lin et de chanvre, et récemment de jute et de China-grass, aucune de ces matières n'est employée en quantités aussi importantes que le genêt d'Espagne ou alfa.

L'alfa (fig. V, *b c*, pl. 1) est une graminée qui croît en abondance en Espagne, en Algérie et en Tunisie ; soumise à un lessivage à la soude caustique, sans pression dans des cuves ouvertes, à divers lavages, etc., cette plante donne une fibre ayant tellement d'analogie avec celle du lin, qu'elle peut remplacer avantageusement celle-ci dans diverses sortes de papier. Cette fibre, d'une grande finesse ($0^m,012$ épaisseur moyenne), finissant en pointe aux deux extrémités, est très unie, souple et tenace, et se feutre avec la plus grande facilité. La longueur moyenne de ses éléments cellulaires est de 2^{mm}, 5.

L'importance de cette matière première pour la fabrication du papier ressort suffisamment du chiffre d'exportation de l'Algérie en 1872, qui a atteint 44,000 tonnes (1).

Pendant que l'Angleterre consomme des quantités considérables de cette matière, les fabriques du continent européen et de l'Amérique emploient en plus grandes quantités

9) Les tiges de céréales ou la paille et

10) Diverses essences de bois.

La paille, quels qu'en soient le traitement et la nature, donne une fibre dure, lisse, peu flexible et peu solide ; le papier très cassant qui en provient en indique suffisamment les caractères. Ses fibres ne peuvent servir à la fabrication de papiers fins, même comme supplément aux fibres de lin, et doivent être exclues de la composition des pâtes lorsqu'il s'agit de produire des papiers tenaces et durables. Mélangées dans de justes proportions à d'autres bonnes fibres, elles peuvent être employées à des papiers moyens et ordinaires n'exigeant pas une solidité hors ligne.

La fibre du bois est employée depuis vingt-cinq ans dans la fabrication du papier en quantité telle, qu'il n'existe plus aucun doute sur son utilité dans cette industrie. En effet, l'Allemagne seule produit aujourd'hui l'énorme quantité de 175 millions de kilos par an. Cette fibre est obtenue de nombreuses variétés de bois de deux manières : par procédé chimique et par procédé mécanique.

Le bois, comme on sait, est composé de petites cellules remplies de matières incrustantes qui rendent le tissu cellulaire dur et peu apparent ; le choix des bois pour la fabrication de la pâte n'est par conséquent pas indifférent, et la préférence devra toujours être donnée aux essences produisant la cellulose la plus

---

(1) L'Angleterre importe annuellement d'Espagne et d'Algérie environ 100,000 tonnes ; l'importation en France est insignifiante. *(N. du trad.)*

Poids au mètre carré = 100 gr. — Cendres = 15.33 %.

pure, tout en n'occasionnant qu'un minimum de frais de fabrication.

L'expérience a constaté que les espèces de bois diffèrent considérablement entre elles, au point de vue de la matière incrustante qu'elles renferment. Les bois tendres d'Europe, en raison de leur texture peu serrée, sont ceux qui se prêtent le mieux à la fabrication du papier, et, parmi ceux-ci, par ordre de mérite : le sapin, le pin, le peuplier, le tremble, le bouleau et le charme.

Le sapin (abies excelsa) donne une fibre fine, blanche et flexible; la fibre du pin (pinus sylvestris) est plus jaunâtre; la fibre du peuplier (populus alba) est très blanche, mais d'une grande raideur; celle du tremble (populus tremula) blanche et tendre; le bouleau (betula alba) et le charme fournissent une fibre courte et dure, d'abord blanche, mais qui finit par tourner au rouge ou au gris.

Le sapin et le tremble, qui ont les meilleures fibres, occupent donc le premier rang parmi les essences de bois employées à la fabrication du papier; les fibres de ces deux bois se débarrassent, en outre, le plus facilement de leurs matières incrustantes, et prennent plus ou moins les caractères de la cellulose pure.

Le traitement chimique de la pâte a pour objet de dissoudre, au moyen de lessives alcalines, les matières incrustantes qui remplissent, recouvrent ou relient entre elles les cellules, et de produire ainsi une cellulose aussi pure que possible. On a essayé d'autres moyens de dissolution des matières incrustantes, sans être arrivé jusqu'ici à un résultat pratique (1).

Le produit obtenu est désigné sous la dénomination de *cellulose*, mais improprement, selon moi, puisque la matière fibreuse pure obtenue du lin, du coton, etc., est également dans cette acception de la cellulose, et qu'il est probable que, par la suite, on emploiera encore d'autres plantes dont la matière fibreuse pourra de même revendiquer cette dénomination.

---

(1) Plusieurs procédés de lessivage par le bisulfite de chaux ou de magnésie ont été appliqués dans ces derniers temps et ont produit des résultats très satisfaisants. (*N. du trad.*)

Le traitement mécanique du bois, en vue de la fabrication de la pâte, consiste en un défibrage ou râpage du bois au moyen de meules à axe vertical ou horizontal.

Le produit obtenu devrait être désigné sous le nom de bois défibré et non sous celui de pâte de bois, la dénomination de *pâte* n'étant donnée, dans les fabriques de papier, qu'aux matières défilées ou raffinées susceptibles de former du papier.

Il existe donc une différence essentielle entre la pâte de bois chimique et le bois défibré ; celui-ci ne se compose pas de fibres isolées, mais bien de faisceaux de fibres reliées par un gluten (pectose) et encore pourvues entièrement de leurs matières incrustantes. Ces matières non seulement rendent la fibre raide et cassante, mais sont encore, sous l'influence de l'air, de la lumière ou de l'humidité, la cause principale de l'altération du papier contenant de grandes quantités de pâte mécanique. Ce papier prend peu à peu une teinte jaune, puis brune, et enfin tourne au brun plus foncé à mesure qu'il perd de sa solidité.

Pour bien me rendre compte de cette transformation, j'ai soumis un morceau de carton de pâte de bois, sous une cloche de verre, à l'influence de l'air humide légèrement chargé de vapeurs ammoniacales ; au bout de vingt-quatre heures, la teinte jaunâtre apparaissait déjà ; après quinze jours, l'échantillon était tourné au brun, et après quatre semaines, il tombait en poussière. Un autre échantillon de papier renfermant une grande proportion de pâte mécanique jaunit au bout de quatre semaines et brunit deux semaines après. Essayé au dynamomètre, cet échantillon subissait de semaine en semaine une diminution sensible de sa force de résistance.

Cette rapide décomposition était certainement amenée par la formation de l'humus déjà mentionné plus haut ; mais, vraisemblablement, il se manifeste ici encore une autre particularité de la fibre brute, celle qui provoque, comme on sait, le retrait et le gonflement des objets en bois et que l'on doit ramener aux propriétés hygroscopiques des matières incrustantes. Celles-ci absorbent en effet, à l'air humide, de l'eau qu'elles abandonnent sous l'influence de l'air sec, et affaiblissent peu à peu, par ces changements, la texture du papier.

Un autre échantillon de papier, renfermant 8 % de bois mécanique, soumis cinquante fois alternativement à l'air humide et à l'air sec, et essayé finalement au dynamomètre, avait subi une diminution de 10 % dans sa solidité.

On peut donc conclure avec raison que plus est grande la proportion de pâte de bois mécanique qui entre dans la composition d'un papier, plus ce papier prend les propriétés du bois brut ; il devient plus cassant, mais prend plus de main et une plus grande opacité, ce qui, suivant le cas, peut être un défaut ou une qualité. Pour les papiers n'exigeant pas une grande ténacité ou durabilité, on peut considérer la pâte de bois mécanique comme un succédané très utile, parce qu'elle permet de produire, sans emploi considérable d'autres fibres, de grandes quantités, et à des prix relativement avantageux. Mais lorsqu'il s'agit de la fabrication de papiers dont on exige la durabilité, la solidité, la teinte blanche et la ténacité, il faut exclure d'une manière absolue l'emploi même de la plus petite quantité de cette pâte.

La pâte chimique de bois, par contre, est composée de fibres exemptes, ou à peu près, de toutes matières incrustantes, et, par conséquent, de toutes propriétés inhérentes à celles-ci. Il est douteux cependant que cette pâte soit de la cellulose absolument pure, et l'on en trouve souvent des spécimens qui, avec le temps, présentent les mêmes phénomènes que la pâte mécanique, quoique dans des proportions moindres, pendant que d'autres restent absolument invariables.

La pâte chimique de bois n'étant entrée dans la grande consommation que depuis un temps relativement court, il est difficile de porter sur cette matière un jugement aussi certain que sur la pâte mécanique ; mais, en thèse générale, on peut admettre que cette pâte chimique est un succédané d'une valeur réelle, en raison de la pureté et de la souplesse de ses fibres.

Mais jusqu'à ce que la pâte chimique de bois ait eu le temps de faire ses preuves, quant à la durabilité du papier, elle devrait être exclue de la fabrication des papiers destinés aux documents, archives, etc., dont on exige avant tout une grande durée.

Matières minérales. — Les diverses substances minérales servant de succédanés sont : l'alumine, sous la dénomination de kaolin, china-clay, terre de pipe, etc. ; la chaux, sous celle d'annaline, pearl-hardening, blanc fixe, de baryte, de blanc de zinc, etc.

L'addition de ces substances a eu d'abord pour but de donner au papier une teinte d'un blanc éclatant et de le rendre opaque et plus apte à recevoir le satinage. Tant qu'il ne s'agit que de rehausser par ces matières, ajoutées en quantités modérées, l'aspect extérieur du papier et surtout son apprêt et sa blancheur, sans porter préjudice à ses qualités intrinsèques, c'est-à-dire à sa durabilité, à sa solidité, il ne peut être fait d'objections sérieuses à leur emploi. Mais ces substances pulvérulentes, sans consistance, ne peuvent en aucun cas remplacer les fibres et, ajoutées en trop fortes quantités, ne serviraient qu'à augmenter le poids de la pâte; l'emploi doit en être restreint, au contraire, et ce d'autant plus, pour les papiers d'impression, qu'elles usent fortement les caractères d'imprimerie.

Cette exclusion ne s'applique pas, bien entendu, aux substances minérales servant à la coloration.

II

TYPES NORMAUX OU RÉGULATEURS

L'étude qui précède, du papier et des matières premières employées à sa fabrication, indique suffisamment qu'on n'est pas encore parvenu à remplacer réellement la fibre employée jusqu'ici, soit que les matières succédanées ne possèdent pas les propriétés nécessaires, soit que leur préparation nécessite de trop grands frais. Elle confirme de plus le principe qu'un papier sera d'autant plus mauvais que sa composition s'écartera davantage de celle du papier de fil collé à la gélatine. La colle de résine, c'est-à-dire la masse formée de résine et d'alumine, ajoutée à la pâte, imprègne les fibres avant leur feutrage, qu'elle empêche ainsi de se produire aussi complètement que si cette addition de colle n'avait pas eu lieu. Le collage à la gélatine est donc incontestablement supérieur, surtout lorsqu'on compare le collage végétal en pâte à celui à la gélatine en feuille. Des essais sur la résistance ont prouvé que des papiers sans colle avaient, dans des circonstances d'ailleurs égales, une solidité de 25 % supérieure à celle d'autres papiers collés à la résine et en pâte, pendant que le collage en feuille augmente considérablement la résistance du papier.

Le collage animal fait en pâte, ou le collage fait en feuille de papier déjà collé à la résine (collage mixte), tient le deuxième rang, c'est-à-dire que le papier collé d'après cette méthode peut être classé à la suite du papier collé à la gélatine en feuille.

D'après ces données, la classification se présente donc comme suit :

1 Papier de pur fil collé en feuille à la gélatine.
2   »   »   »   en pâte   »
3   »   »   »   d'après la méthode mixte.
4   »   »   »   en pâte à la résine.

Viennent ensuite les papiers composés de fibres d'alfa et de coton, seules ou mélangées à des fibres de lin, puis les papiers fabriqués avec des fibres de lin, de paille ou de bois, etc., mélangées dans les proportions les plus variées. Les papiers composés de paille ou de bois avec addition de grandes quantités de matières minérales viennent en dernier rang.

Par suite de ces compositions variées, la graduation est très grande, pendant que la différence des diverses qualités devient moins sensible, ce qui généralement augmente la difficulté d'examiner et de déterminer exactement la qualité d'un papier.

Il s'agit donc d'établir certaines règles d'après lesquelles les papiers devront être choisis et employés pour chaque cas spécial qui peut se présenter, et de créer des types régulateurs qui puissent servir de base aux transactions des fabricants et des consommateurs, et surtout des intermédiaires ou marchands de papiers.

En fixant ces types, il est essentiel de considérer, en première ligne, la composition et la force de résistance du papier comme étant les facteurs principaux de sa durabilité, et, en second lieu, son élasticité et son poids; mais il est juste de tenir compte en même temps de son genre de fabrication et des particularités qui se produisent au cours de celle-ci.

L'établissement de ces types demandait une grande variété de papiers ayant été employés depuis un temps assez long à des usages déterminés pour lesquels ils possédaient les qualités requises. Ces papiers devaient être soumis à l'analyse, pour qu'on y pût constater les qualités recherchées.

J'ai pu me procurer à cet effet de nombreux types de papiers, consistant en actes et documents des dix-huitième et dix-neuvième siècles, fabriqués avant et après l'introduction de la machine à papier et collés à la gélatine et à la résine, en même temps que des papiers modernes à la cuve et à la machine. Ces papiers ont été soumis à l'analyse, afin d'en obtenir des évaluations devant être adoptées comme bases, évaluations qui paraissent d'autant plus exactes qu'elles concordent avec celles qu'a trouvées le professeur Hartwig, qui, de son côté, s'est livré à des études de même nature, dont il a publié les résultats. Jusqu'ici, il est vrai, ces études n'ont eu pour objet que les papiers de qualités supérieures.

Papiers-types considérés au point de vue de la fabrication. — La fabrication du papier a subi, dans le courant de ce siècle, une transformation si considérable, qu'il n'est pas surprenant qu'on ait attribué à la nouvelle méthode de fabrication la grande différence entre les papiers à la forme et les papiers à la machine. En dehors des changements survenus dans la composition des pâtes par le mélange des nombreux succédanés, il y a lieu de considérer les différences introduites dans la préparation de ces pâtes au moyen d'appareils nouveaux et à l'aide de produits chimiques inconnus autrefois, ainsi que la formation de la feuille sur la machine.

Tant que le besoin du papier fut plus restreint et que les exigences, quant à sa pureté et à sa blancheur, restèrent dans des limites plus modestes, toutes les variétés de ce produit étaient fabriquées de chiffons provenant de toile blanchie sur le pré et reblanchie par des lavages répétés pendant l'usage. Mais ce blanchîment naturel était insuffisant, et au raffinage les parties non atteintes ressortaient en donnant à la pâte une coloration jaune grisâtre. Cependant, le consommateur montra bientôt de plus grandes exigences, et l'on fut obligé de rechercher les moyens d'y satisfaire. On recourut au chlore, dont Scheele avait trouvé, en 1774, les propriétés décolorantes, et que Berthollet appliqua le premier, en 1785, au blanchîment de la toile. En 1794, on employa pour la première fois le chlore gazeux en papeterie, et bientôt après le chlorure de chaux.

Le blanchîment au chlore permit en même temps de produire de beaux papiers blancs avec des chiffons non blanchis et colorés; l'emploi de chiffons autrefois délaissés devint de jour en jour plus important et fit augmenter la valeur des chiffons ordinaires ou colorés, dont on fabriqua bientôt des papiers supérieurs. Les avantages économiques qui en résultèrent furent de suite appréciés par les fabricants de papier, qui, voulant étendre de plus en plus l'emploi du chiffon, en arrivèrent bientôt à préparer, par des lavages et des blanchîments énergiques, les sortes les plus dures pour les papiers les plus fins, ce qui leur parut d'autant plus logique que l'on croyait alors que le chlore n'attaquait pas la cellulose.

Partant de cette opinion erronée, on finit par pousser le blanchîment à l'excès; puis, forcé par cela même de raffiner plus fin, on arriva à amoindrir considérablement la qualité des fibres, et par conséquent la qualité du papier.

De cette même époque, c'est-à-dire vers le commencement de ce siècle, date l'invention de la machine continue; on sait avec quelle promptitude la fabrication à la machine supplanta celle à la forme. Le collage végétal se répandit de plus en plus, et vint s'ajouter à toutes les causes déjà citées d'amoindrissement des qualités du papier.

L'époque était défavorable aux machines venant se substituer au travail à la main, et tout produit fabriqué mécaniquement était généralement discrédité. On se rappelle encore la lutte entre la filature et le tissage à la main et ces mêmes fabrications à la

Longueur de rupture = 2,300 m. — Allongement = 1.6 %.

Poids au mètre carré = 100 gr. — Cendres = 18 %.

3

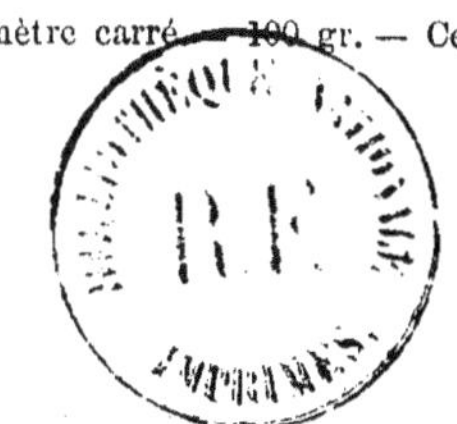

machine. Le papier fut la victime des mêmes préjugés qui existent d'ailleurs aujourd'hui encore dans l'esprit de certaines personnes ; combien de fois ne voit-on pas le papier fait à la machine rejeté de parti pris, parce que c'est du papier fabriqué mécaniquement.

Ce préjugé contre le papier mécanique pouvait avoir une certaine raison d'être aux débuts de l'invention de la machine, car celle-ci, pour fournir un produit sans reproche, a dû être modifiée et perfectionnée peu à peu, et de nos jours encore elle n'est pas parfaite. Les hommes du métier en connaissent bien le point faible, qui est celui du séchage ; cette fonction de la machine continue n'est pas parvenue jusqu'ici à remplacer avantageusement, au point de vue de la qualité du papier, le mode de séchage usité dans la fabrication à la main (1). Il est hors de doute, par contre, que le papier fabriqué mécaniquement est plus uniforme, et à composition et mélange identiques de la pâte, plus résistant, et surtout mieux apprêté que le papier à la forme.

Si le séchage à l'air chaud, soit par le passage dans des canaux chauffés ou par tout autre moyen, vient remplacer pratiquement celui qu'on opère au moyen de cylindres chauffés, nul doute que le préjugé contre le papier mécanique ne disparaisse bientôt.

Pour me rendre compte aussi exactement que possible de la différence, au point de vue de la résistance et de l'élasticité, d'un même papier séché à l'air et séché aux cylindres, j'ai pris sur la machine deux échantillons, l'un avant la sécherie, l'autre après les cylindres sécheurs ; après avoir fait sécher le premier à l'air et l'avoir soumis à un satinage, je les ai soumis tous deux à un essai identique de résistance et de tension dans le sens longitudinal et dans le sens transversal. Les

---

(1) Le système de séchage à l'air chaud, employé par la fabrique d'Albbruck, a fait faire un pas à cette importante question, qui préoccupe à juste titre l'industrie de la papeterie.　　　　　　　　　　(*N. du trad.*)

résultats obtenus avec des bandes de dimensions égales furent les suivants :

RÉSISTANCE	Séchage sur les cylindres	Séchage à l'air
Longitudinale	7 60 kil.	8 03 kil.
Transversale	6 50 »	6 20 »
Moyenne	7 05 kil.	7 12 kil.
TENSION		
Longitudinale	1 60 %	6 40 %
Transversale	5 » »	8 75 »
Moyenne	3 30 %	7 05 %

Il résulte de ces chiffres que la résistance du papier séché sur les cylindres ne diffère pas sensiblement de celle du papier séché à l'air ; que, par contre, la différence entre la tension jusqu'à rupture est plus grande, surtout dans le sens de la longueur, où elle atteint la proportion de 1 à 4. Le papier séché sur des cylindres chauffés est plus cassant que le papier séché à l'air, et cela uniquement parce que le premier mode de séchage produit un violent rétrécissement de la feuille. Les expériences de séchage à la machine ont, du reste, confirmé l'opinion exprimée dans mon *Traité de Technologie comparée*, qu'un séchage lent sur un grand nombre de cylindres est une condition essentielle de la réussite de cette opération.

On observe fréquemment une réaction acide dans le papier, tant dans le papier fait à la forme que dans le papier fabriqué sur la machine ; cette réaction, que je n'ai jamais trouvée dans les papiers de fabrication ancienne, provient d'un lavage insuffisant de la pâte après le traitement à l'hyposulfite de soude, soit qu'il y fût resté encore des traces d'acide sulfurique, soit qu'il s'en fût formé de nouvelles.

Composition de pâte des papiers-types. — D'après les observations énoncées plus haut, la composition des sortes supérieures de

papier ne doit pas s'éloigner sensiblement de celle des types de
la classification indiquée page 15. Mais le bois et la paille doivent
en être exclus, tandis qu'à la rigueur il n'y aurait pas d'in-
convénient à admettre encore le coton et l'alfa.

La détermination des substances minérales est d'une grande
importance. La cellulose pure contenant une quantité infime de
ces substances, il est tout naturel que le papier buvard pur ne
laisse à l'incinération qu'une très petite quantité de cendres,
c'est-à-dire une moyenne de 0,4 %.

Au collage à la gélatine, on ajoute une partie d'alun comme
mordant ; cette addition peut augmenter de 1 % la quantité de
cendres.

Si le collage du papier se fait à la résine, c'est-à-dire avec un
mélange de résine et d'alumine, ou résinate d'alumine, formé
par une dissolution de savon résineux par le sulfate d'alumine,
le résidu en cendres peut être estimé à 2 % dans une pâte
bien lavée.

On peut donc déterminer assez exactement le contenu en
matières minérales, en tenant compte des écarts produits par les
substances colorantes minérales, comme l'outremer, l'ocre, etc.,
qui peuvent encore laisser près de 1 % en plus.

Poids et densité des papiers-types. — La résistance absolue,
ainsi que la résistance à la déchirure d'un papier, augmentent
en raison de l'épaisseur, c'est-à-dire du poids réel de celui-ci ;
tout papier doit avoir, par conséquent, un poids convenable
et déterminé par unité de surface, soit par mètre carré,
répondant à l'emploi auquel il est destiné. Les limites de ce poids
sont d'autant plus difficiles à fixer que les opinions sont très
divisées sur ce point, et que souvent elles sont en désaccord
complet entre elles. Il convient d'observer en même temps qu'en
général il existe entre le poids, par rapport au volume, et l'épaisseur, ainsi que la main du papier, une relation remarquable, et
que l'on devrait toujours donner, à solidité égale, la préférence au
papier qui a le poids le plus faible par rapport à son volume, ce

papier ayant plus de main, c'est-à-dire paraissant plus épais au toucher.

Le poids relatif du papier, c'est-à-dire son poids par rapport au volume qu'il occupe, ne doit pas être confondu avec le poids spécifique qui est représenté par le volume de corps parfaitement homogènes.

L'établissement d'un poids au volume, à l'examen des papiers, pourrait sans doute avoir son intérêt dans le commerce de ce produit ; la densité du papier représentée par son poids spécifique, par contre, n'est que d'utilité secondaire.

Épaisseur des papiers-types. — L'épaisseur du papier est en général d'une grande importance, en tant que la résistance est en rapport direct avec cette épaisseur, parce que, toutes autres conditions égales, un papier est d'autant plus solide qu'il est plus épais. Il en sera parlé plus loin à propos de la résistance des papiers-types. L'inégalité d'épaisseur, c'est-à-dire l'irrégularité de la feuille, doit être, de son côté, prise en considération dans l'évaluation de la résistance.

Teinte et apprêt des papiers-types. — En ce qui concerne la teinte du papier, j'ai déjà dit plus haut que le blanc éclatant, souvent avec une légère teinte azurée, a remplacé le ton plus jaunâtre des anciens papiers. Ce blanc éblouissant est parfois obtenu aux dépens de la solidité des fibres, qui sont blanchies à outrance, ou bien par une forte addition de substances minérales. Partant de là, les exigences de l'acheteur ne devraient pas aller trop loin et préférer plutôt un papier avec un léger œil jaunâtre, si ce produit possède d'ailleurs les conditions requises.

L'apprêt n'a pas grande importance dans la question, si ce n'est qu'un satinage trop fort implique une raideur considérable et une tension dans le papier, qui sont la suite d'un séchage rapide sur la machine.

Allongement jusqu'à rupture des papiers-types. — Je désignerai ainsi l'élasticité qui se manifeste dans le papier avant la déchirure. Un papier à résistance égale sera d'autant plus solide que l'allongement à l'essai sera plus grand, et *vice versa*. Cet allongement s'exprime le mieux en tant pour cent de la longueur.

Le papier s'allonge différemment, suivant qu'il est tendu dans la longueur ou dans la largeur; dans le premier sens, où la résistance est plus grande, cet allongement est moindre que dans l'autre sens, où la résistance est moins forte. Ces différences s'expliquent par la marche du papier sur les sécheurs de la machine, où le papier subit une tension très forte, produisant déjà un allongement considérable; elles sont, en effet, moins sensibles dans le papier fait à la forme.

Il est nécessaire, par conséquent, pour déterminer l'allongement du papier, de soumettre les types à deux essais, l'un longitudinal, l'autre transversal.

Quant à la quantité des allongements tolérés ou exigés et à la différence entre les deux degrés, leur rapport, suivant mes observations, peut varier d'une manière sensible, si la quantité minima ne s'éloigne pas trop de l'allongement exigé.

Je me suis servi, pour les nombreux essais que j'ai faits, de bandes prises dans le sens longitudinal et dans le sens transversal de la feuille, ainsi que d'autres coupées dans le sens de la diagonale, sous un angle de 45 degrés, et j'ai reconnu que l'allongement des bandes prises dans ce dernier sens peut être considéré comme valeur moyenne.

L'écart de la moyenne arithmétique était en effet généralement insignifiant entre des bandes longitudinales et transversales, mais il se présentait ce fait que l'allongement dans le sens de la diagonale restait d'autant plus en deçà de cette moyenne que la différence entre les deux autres sens était plus grande.

Ainsi, par exemple, un papier ayant un allongement jusqu'à rupture, dans le sens longitudinal $e^1 = 3.75\,\%$

    —   transversal.. $e^2 = 5.71\,\%$

soit en moyenne... $e = 4.73\,\%$

et un rapport de 0.65, soit environ deux tiers, ne présenta à l'allongement, suivant la diagonale e^3, qu'une proportion de 3.89 %.

Dans un autre cas,
$$e^1 = 3.75$$
$$e^2 = 4.13$$
$$e = 3.94$$

soit le rapport de 0.90 et un allongement de $e^3 = 4.00$. Plus les valeurs e^1 et e^2 se rapprochent l'une de l'autre, plus se rapprochent aussi celles e^3 de e.

On peut donc admettre l'allongement dans le sens de la diagonale comme valeur de compensation, et poser le principe que dans toutes les discussions sur la différence d'allongement toléré dans les deux sens principaux, on admettra pour base l'allongement dans le sens de la diagonale.

Cette méthode simplifiera considérablement les essais et fera disparaître les difficultés qui, dans la pratique, s'opposent à une certaine tolérance d'allongement. Pendant que M. Hartig, entre autres, ne veut admettre qu'un rapport minimum de trois quarts ou 75 %, de très bons papiers ne présentent souvent qu'un rapport de deux tiers à trois cinquièmes, soit 66 à 60 %.

Les valeurs indiquées dans le tableau (page 27) comme allongement jusqu'à rupture représentent, par conséquent, celles des allongements suivant le sens de la diagonale.

Ténacité des papiers-types. — On entend par ténacité la résistance qu'une bande de papier oppose à la rupture, c'est-à-dire la charge sous laquelle celle-ci se produit. Comme pour tous les autres corps solides, cette résistance était exprimée antérieurement par le nombre de grammes déterminant exactement la rupture d'une tige prismatique de $1^m/_m^2$ de section. Pour obtenir le résultat cherché, il était nécessaire de trouver, à la place même de la déchirure, la section de la bande de papier, en mesurant soigneusement l'épaisseur et la largeur de celle-ci. Ceci donnait lieu à un long et minutieux travail, sans résultat certain, la nature peu cohérente de la substance nécessitant des essais de mesurage faits avec la plus grande précision.

Pour tourner cette difficulté inhérente à tous les corps fibreux, le professeur Hartig a proposé de déterminer, pour tout composé de cette nature, la longueur de ce composé correspondant à la rupture par son propre poids.

Ce problème, appliqué au papier, consiste donc à déterminer le poids auquel se rompt une bande de papier d'une largeur donnée, puis, au moyen du poids au mètre carré, à calculer la longueur que devrait atteindre cette bande pour arriver au poids ayant provoqué cette rupture. Cette longueur est désignée par M. Reuleaux sous le nom de *longueur de rupture*.

En désignant donc la longeur de rupture par R en mètres, la résistance ou poids de rupture par p en grammes, la largeur de la bande par b en millimètres, le poids au mètre carré par m en grammes, la longueur de rupture sera donnée par l'équation suivante :

$$R = \frac{p.}{m.\,b.} \times 1{,}000$$

Ceci posé, étant donnée une bande de $b = 15$ millim. de largeur, qui s'est rompue sous une charge de $p = 5$ kil. $= 5{,}000$ gr. et d'un poids au mètre carré de $m = 75$ grammes, la longueur de rupture sera

$$R = \frac{5{,}000}{75.15} \times 1{,}000 = 4{,}444 \text{ mètres} = 4{,}444 \text{ kilomètres}$$

Il est évident que ce mode de détermination offre un moyen facile et pratique pour la recherche de la ténacité du papier et pour la comparaison de diverses sortes entre elles.

On remarque qu'à l'essai de la résistance des papiers, celle-ci est différente suivant les deux sens de la feuille, ce qui s'explique aisément par la position différente que prennent les fibres sur la machine au moment de leur feutrage. Cette différence est généralement plus grande dans le papier mécanique que dans le papier à la main, mais l'opinion générale qu'elle n'existe pas ou qu'elle n'existe que très peu dans ce dernier papier, est complètement erronée.

Un grand nombre d'essais de papiers à la main fabriqués vers la fin du siècle dernier et au commencement de celui-ci ont donné les proportions les plus diverses, telles que les suivantes, exprimées en pour cent : 58, 64, 74, 78, 81, 86 pour cent. La proportion de trois quarts ou 75 % se présentait le plus fréquemment.

Par contre, le papier à la machine donnait à l'essai des différences moins sensibles, et le rapport qui se produisait le plus souvent était à peu près de 65 %. Le rapport était surtout très remarquable dans les papiers composés des meilleures matières et répondant, d'ailleurs, à toutes les exigences. Le papier collé à la gélatine présentait seul des différences moins grandes, c'est-à-dire de 75 à 80 %.

D'après mes recherches, il suffit de fixer comme limite extrême la proportion 2 : 3, soit 66 % ; le rapport indiqué par M. Hartig, de Dresde, de trois quarts ou 75 %, me paraît trop élevé pour nos papiers mécaniques et de plus n'est pas nécessaire pour la détermination exacte de la résistance. Si, par exemple, on prescrivait pour une sorte de papier une résistance normale ou longueur de rupture de 3,000 mètres, et que ce papier eût 3,000 mètres dans un sens et 4,500 dans l'autre, c'est-à-dire en moyenne 3,750 mètres, ce papier pourrait certainement et malgré le rapport de deux tiers être admis comme ayant la résistance exigée.

Il ressort de là qu'il est nécessaire d'essayer la résistance du papier dans les sens longitudinal et transversal, pour en tirer une moyenne arithmétique correspondant aux deux essais.

J'ai fait les mêmes essais dans le sens de la diagonale, pour me rendre compte de la résistance dans ce sens par rapport à

Longueur de rupture = 2,800 m. — Allongement = 2.5 %.

Poids au mètre carré = 80 gr. — Cendres = 1 %.

4

la moyenne ci-dessus ; les résultats en général ont été trouvés s'éloignant fort peu de cette moyenne ; ainsi, sur deux cents essais pris au hasard, la moyenne arithmétique était de 3,879 mètres suivant la longueur et la largeur de la feuille, et de 3,788 mètres suivant la diagonale, soit une légère différence de 81 mètres de longueur de rupture.

Par cette raison, on peut admettre comme règle la moyenne arithmétique et, pour simplifier le travail, faire l'essai sur des bandes coupées diagonalement. Lorsque celles-ci auront indiqué la résistance nécessaire, on pourra chercher la différence entre les résistances longitudinales et transversales.

Pour la détermination de la valeur absolue de la résistance tolérée ou exigée, il convient d'établir tout d'abord des différences graduées, suivant la qualité ou la destination du papier. L'échelle suivante, basée sur de nombreux essais, me paraît être la plus exacte (1) :

Le papier peut être qualifié :

Au-dessous de 2,000 mètres, longueur de rupture, de mauvais ;
    de 2,000 à 2,500 mètres   —   —   de moyen ;
    de 2,500 à 3,000 mètres   —   —   de passable ;
    de 3,000 à 4,000 mètres   —   —   de bon ;
    de 4,000 à 5,000 mètres   —   —   de très bon ;
    de 5,000 à 6,000 mètres   —   —   d'excellent.

Je n'ai jamais trouvé, dans les essais que j'ai faits, des longueurs de rupture supérieures à 6,000 mètres comme moyennes de résistance ; inutile donc d'en tenir compte. Mais on pourrait

(1) Comme l'auteur le fait remarquer page 16, les essais auxquels il s'est livré n'ont porté que sur des qualités supérieures de papiers : l'échelle indiquée ne pourrait donc s'appliquer aux sortes inférieures de papier journal, impression et écriture, dont les bas prix ne permettent pas l'emploi de matières premières qui ont pour but immédiat de donner de la résistance au papier. Il est évident que les papiers fabriqués presque exclusivement de pâte mécanique ou chargés de matières minérales, en raison de leur bas prix de vente, resteront le plus souvent en dessous de 2,000 mètres de longueur de rupture, tout en conservant encore des qualités relatives.   *(Note du trad.)*

exiger, en traitant un marché, un minimum de longueur de rupture, sauf à payer, comme prime de fabrication, une augmentation de prix proportionnelle à chaque 100 millimètres de résistance en plus.

Prenant pour base tout ce qui est dit plus haut, on arrive à établir le tableau synoptique suivant des papiers-types d'après lesquels les qualités supérieures de papiers peuvent être classées et jugées ; il est à remarquer expressément qu'il n'y a aucune raison pour donner, dans ce tableau, au papier à la forme une place supérieure à celle du papier à la machine.

TABLEAU SYNOPTIQUE DES PAPIERS-TYPES

Sortes de papiers	Contenances en cendres pour %	Allongements pour %	Poids au mètre carré en grammes	Longueurs de rupture
1. Papier pour documents et impressions collé à la gélatine	1.0	4.0	100	5.000
2. Le même, collé à la résine .	2.0	3.5	100	4.500
3. Papier d'écriture, à lettres .	2.0	3.0	90	4.000
4. Écolier	2.0	2.5	70	3.000
5. Impression collée	2.0	2.5	70	3.000
6. Buvard.	0.4	1.5	60	1.000

III

ANALYSES ET ESSAIS DU PAPIER

La nécessité de trouver un papier répondant à l'emploi général auquel il doit satisfaire a fait naître le désir d'arriver à en déterminer, par l'analyse et l'essai, les propriétés principales mentionnées plus haut.

Ces recherches peuvent avoir un but purement scientifique, c'est-à-dire qu'elles auront à déterminer les conditions pouvant influer d'une manière ou d'une autre sur la fabrication ou la nature du papier ; ou bien leur but pratique sera de reconnaître les qualités exigées pour un emploi déterminé de ce produit. Elles pourront donc différer, sinon dans leur nature, au moins dans la méthode employée, qui sera, suivant le cas, plus ou moins compliquée. Dans le cas qui nous occupe plus spécialement, elles seront plus simples qu'il ne paraît au premier abord et se diviseront en deux groupes.

Le premier groupe comprend l'analyse de la composition au point de vue chimique ou botanique ; le deuxième détermine les qualités physiques du papier.

A. — ANALYSE DE LA COMPOSITION DU PAPIER

Cette analyse est double, en ce sens qu'elle sert à déterminer d'abord les substances minérales, ensuite les substances organiques.

Substances minérales. — Comme il ne s'agit ici avant tout que de déterminer en bloc la quantité de charge contenue dans le papier, il suffit d'incinérer un volume de papier pesé au préalable d'une manière très exacte et d'en peser après le résidu en cendres.

À cet effet, on se sert d'une bande de papier de 3 à 4 centimètres de largeur, du poids de 1 à 2 grammes ; on en fixe le poids très exactement, puis on la plie en forme de soufflet ou d'éventail, qu'on enroule d'un fil de platine d'un demi-millimètre, de manière à ce que l'une des extrémités du fil ait encore $0^m,15$ de longueur libre, servant à former un crochet ; le fil peut avoir $0^m,30$ de longueur totale. Le papier ainsi accroché au-dessus d'une lampe à esprit de vin ou d'un bec de gaz est enflammé à plusieurs reprises, jusqu'à ce que la cendre en devienne bien blanche. Lorsque le papier ainsi incinéré perd rapidement son incandescence à la suppression de la flamme, l'opération est terminée. On déroule le fil avec précaution, de manière à recueillir la cendre dans une capsule en platine ou en verre dont on aura exactement fait la tare au préalable, puis on pèse le tout.

Toute l'opération dure à peine vingt minutes et doit se faire par dessus une feuille de papier bien uni, afin de pouvoir recueillir, à l'aide d'une barbe de plume, les cendres qui auraient pu tomber et joindre celles-ci à celles de la capsule.

Pour une analyse ordinaire de papier, il suffit de tenir compte de la quantité de cendres constatée par cette opération. Pour des recherches plus exactes, on a recours à l'analyse quantitative pour déterminer les composants des cendres ; la contenance effective en substances minérales est déterminée dans ce cas par la méthode stœchiométrique, en tenant compte, à l'incinération, de la perte d'eau, par exemple en présence du kaolin, du dégagement d'acide carbonique en présence du carbonate de chaux, etc. Les limites de cette brochure ne comportent pas une instruction plus détaillée à cet égard.

Une balance-trébuchet sensible au milligramme servira parfaitement au travail ci-dessus, ou, à son défaut, une balance indiquant à 5 milligrammes ; mais, dans ce cas, il est évident qu'il faut augmenter cinq fois le poids du papier à incinérer. Il va sans dire que les mêmes essais, faits sur les pâtes de bois ou de paille achetées par les fabricants de papier, indiqueront à ceux-ci si ces pâtes contiennent une charge minérale quelconque.

Substances organiques. — Les substances organiques contenues dans le papier peuvent être de nature fibreuse ou bien se composer d'ingrédients employés au collage, comme la gélatine, la résine, la cire, la fécule, etc.

Les composés fibreux se reconnaissent d'une manière très certaine au moyen du microscope, dont l'emploi ne peut être assez recommandé.

Mais comme l'usage de cet instrument si utile est encore peu répandu et demande, au surplus, pour l'examen des fibres, une grande habitude, on a cherché d'autres réactions chimiques et trouvé trois réactifs puissants : le sulfate d'aniline, le muriate de naphtylamine et la phloroglucine. Mais tous trois ne peuvent qu'indiquer dans le papier la présence de cellules ligneuses non réduites en cellulose. Un papier imbibé d'une solution de sulfate d'alumine prend une teinte jaune ou jaunâtre s'il contient des cellules ligneuses. Le muriate de naphtylamine en dissolution colore ce papier en jaune orange, et la phloroglucine moitié étendue d'eau, en rouge pourpre, si ce papier est en même temps imbibé d'acide chlorhydrique concentré.

Cette dernière réaction étant la plus intense, elle mérite la priorité.

Mais si la phloroglucine est le réactif le plus énergique en présence de la fibre de bois qu'elle indique avec certitude, son action reste limitée en ce sens qu'elle ne colore pas la cellulose pure.

Le lessivage par alcalis ou par sulfites, comme le blanchîment par le chlore, détruisent la substance ligneuse ou séparent celle-ci de la cellulose. Les fibres de bois ou de paille parfaitement désagrégées et blanchies ne sont par conséquent pas décélées par ce réactif, qui, d'un autre côté, colore aussi les fibres brutes de jute, chanvre, sparte, etc.

Ces divers réactifs, s'ils donnent les colorations précitées, indiquent par conséquent dans le papier la présence de fibres ligneuses non désagrégées ; mais, par contre, si ces colorations ne se produisent pas, on ne peut en conclure que le papier soumis à l'essai ne renferme pas de fibres de bois blanchies, c'est-à-dire de la cellulose ou de la paille, de l'alfa, etc. Ils ont néanmoins leur importance, parce qu'ils révèlent avec certitude la présence du plus grand ennemi du papier durable, celle de la pâte mécanique ou d'autres cellules ligneuses.

Dans certains cas, la teinture d'iode peut servir aussi pour distinguer entre elles les différentes fibres, comme on le verra plus loin, lorsqu'il s'agira des recherches microscopiques.

L'analyse microscopique exige, avant tout, une parfaite connaissance de la nature des fibres telles qu'elles se rencontrent dans la composition du papier. Par suite du raffinage dans la pile, les cellules sont presque complètement détruites, de sorte qu'il n'en reste plus que des rudiments, et il est nécessaire d'avoir une certaine habitude pour reconnaitre les fibres ainsi déchirées d'après les figures microscopiques connues de fibres entières, telles qu'elles sont représentées planche I.

Pour faciliter cet examen, j'ai fait par la photographie des reproductions de préparations microscopiques de fibres prises à la pile ; ces préparations microscopiques sont reproduites par l'héliographie sur la planche I avec un grossissement de 200 fois, de manière à permettre suffisamment la comparaison.

Cette planche représente la fibre du lin, celle du coton, du jute, de la paille, du bois de pin et du bois de tremble. Il est à remarquer ici que dans la pâte de paille se trouvent toujours des particules de son enveloppe extérieure, comme on peut le voir sur cette reproduction, et que, parmi les fibres de bois, on en reconnaît qui indiquent, par le petit pointillé, le tissu cellulaire caractéristique, ce qui facilite considérablement les recherches.

Après avoir comparé au microscope les diverses fibres avec les figures ci-jointes et les avoir bien fixées dans la mémoire, il est facile de reconnaitre les différences, surtout à un grossissement de 200 fois.

Pour examiner au microscope les fibres du papier, il est nécessaire de les défiler soigneusement, de manière à les isoler autant que possible. Il suffit généralement d'humecter avec de l'acide sulfurique étendu un fragment de papier de 2 à 3 millimètres de longueur et de largeur, sur une tablette en verre dont un côté est enduit d'une couche de couleur noire à l'huile ; après une minute, on défile ce fragment sous une loupe, à l'aide de bâtonnets pointus en os ou en ivoire, puis on met les fibres sur l'objectif. Pour fixer celles-ci, le mieux est de se servir d'une pâte composée d'une partie de gélatine fine incolore et de cinq parties d'eau, qu'on fait chauffer en y ajoutant une partie de glycérine, plus quelque peu d'acide phénique pour empêcher la décomposition. Cette pâte est conservée soigneusement dans un flacon bien bouché, où elle prend la consistance de la gélatine. On prend une particule de cette pâte à l'aide d'un petit agitateur en verre pour la porter sur l'objectif, qu'on tient pendant un instant sur une lampe à esprit de vin, afin de liquéfier la gélatine et la débarrasser des petites bulles d'air. L'objectif est recouvert ensuite d'une autre petite plaque en verre, également chauffée au préalable, qu'on presse rapidement sur la première, et l'objet à examiner ainsi fixé se montre parfaitement clair et transparent.

Le petit couvercle, aussitôt refroidi, adhère si fortement à l'objectif qu'il est inutile de le fixer autrement. Les objets ainsi obtenus se conservent fort longtemps et se prêtent admirablement à des reproductions photographiques.

Dans le cas où l'on n'arriverait pas à défiler le papier, comme il est indiqué plus haut, il faudrait le faire bouillir pendant deux ou trois heures dans l'alcool, puis dans l'eau, afin de faire dissoudre la colle.

La réaction avec de la teinture d'iode facilite considérablement l'examen des fibres au microscope. En ajoutant une goutte de cette teinture (composée de 1 p. iode, 3 p. d'iodure de potassium, 15 p. d'alcool, 70 p. de glycérine et 15 p. eau) à l'objet microscopique, avant de recouvrir celui-ci de la plaquette de verre, cet objet se colore ordinairement en bleu, par la raison que presque tous les papiers sont collés à la résine, à laquelle a été ajoutée de la fécule.

Cette coloration provient donc de l'iodure d'amidon. Toutefois, sous le microscope, les fibres de coton surtout paraissent bleues, pendant que celles de lin ont une teinte plus rougeâtre et même brunâtre, de manière que ces diverses colorations rendent plus sensibles à l'œil les divers caractères microscopiques.

Si même en l'absence d'amidon, c'est-à-dire au collage à la gélatine ou à la résine pures, cette réaction ne se produit pas, les fibres de lin et de coton se distinguent encore par des nuances différentes, les premières prenant une teinte plus foncée, les autres une teinte plutôt blonde.

Le bois mécanique se reconnaît d'une manière évidente, ainsi que la pâte de paille non lessivée à la soude et le jute ; après l'addition d'une goutte de phlorogluzine à l'objet préalablement imbibé d'acide hydrochlorique, ces fibres prennent une coloration rouge intense, pendant que celles de lin, de coton, de bois chimique restent incolores.

La qualité du papier dépend aussi en grande partie de l'état de la fibre dont il est composé ; il est important, par conséquent, d'examiner cette fibre au microscope.

Longueur de rupture = 2,800 m. — Allongement = 2.5 %.

Poids au mètre carré = 80 gr. — Cendres = 1 %.

5

Il y a lieu d'abord de considérer la longueur de cette fibre, sa conformation, c'est-à-dire voir si elle est émoussée ou pointue, si elle est brisée, écrasée et défibrée ; les fibres longues, finissant en pointes, se feutrent plus facilement, et celles qui ont conservé leur forme première offrent plus de solidité. Les papiers de lin et de coton renferment en général les fragments de fibres les plus longs; ceux de papier de bois, les plus courts.

La recherche des substances organiques contenues dans les papiers collés a pour but principal de constater leur nature, et seulement dans des cas isolés, d'en déterminer la quantité.

La fécule se reconnaît ordinairement à la simple inspection au microscope, ou bien par une addition d'iode, qui fait naître l'iodure d'amidon avec sa coloration bleue intense. Il suffit, pour produire la réaction, d'humecter le papier d'une goutte de teinture d'iode.

On reconnaît d'une manière très certaine la gélatine dans le papier par la transformation du bioxyde de mercure en mercure métallique. On fait bouillir à cet effet 5 à 10 grammes de papier dans 100 à 120^{ccm} d'eau, jusqu'à l'évaporation à environ 25^{ccm} ; on ajoute à celle-ci 5^{ccm} d'une solution alcaline à 5 % et 5^{ccm} d'une solution à 1 % de proto-chlorure de mercure (sublimé), et l'on verse dans un ballon pour soumettre le tout à l'ébullition pendant un temps de trois à cinq minutes. Si le papier contient de la gélatine, le bioxyde tourne du jaune rouge au gris noir, éliminant ainsi le mercure métallique.

Si, au contraire, ce bioxyde conserve sa couleur ou ne vire qu'à une nuance verdâtre, on peut être certain que le papier analysé est seulement collé à la résine, avec ou sans addition de fécule, et ne contient pas de gélatine.

Le mode le plus simple pour déterminer quantitativement la résine et la fécule consiste à dissoudre successivement ces deux substances et à rechercher le déchet en poids du papier. A cet effet, on fait bouillir avec de l'alcool, pendant quelques minutes, environ 2 grammes de papier coupé en très petits morceaux et parfaitement séché à une température d'au moins 100 degrés centigrades, avec addition de quelques gouttes d'acide chlorhydrique.

On transvase alors la solution jaune résineuse, on fait bouillir encore deux ou trois fois le papier avec l'alcool, mais sans acide, on sèche et l'on pèse. Le déchet en poids est formé par la résine dissoute avec les substances minérales.

Le papier, ainsi débarrassé de la résine, est de nouveau soumis à une ébullition dans un mélange à parties égales d'eau et d'alcool et de quelques gouttes d'acide, assez longtemps pour que, bien rincé, il ne soit plus coloré par la teinture d'iode. Comme ce chauffage dure à peu près une heure, il convient de faire l'opération dans un récipient clos.

On renouvelle l'eau et l'alcool pour procéder à un nouveau chauffage, puis on rince de nouveau et l'on sèche à 100 degrés. La différence en poids indique le contenu de fécule et de quelques parties des substances minérales mises en dissolution par l'acide chlorhydrique.

Pour rechercher la quantité de ces dernières substances dissoutes, il suffit d'incinérer le papier soumis à l'ébullition et de comparer le résidu avec celui qui provient de l'incinération de papier non bouilli ; mais, en général, on peut estimer ce poids à 1 % de celui de la résine.

B. — Essais des qualités physiques du papier

Ces essais comprennent ceux des poids, de la densité, de l'épaisseur, de la teinte, de l'apprêt du papier, et enfin de son allongement et de sa résistance à la rupture. Je renvoie, quant à la teinte et l'apprêt, à ce que j'en ai dit plus haut, page 21, et n'examinerai ici que les autres qualités.

Poids. — Il est nécessaire de rechercher le poids du papier pour pouvoir en calculer la longueur de rupture. Le moyen le plus simple consiste à déterminer ce poids au mètre carré en pesant une surface donnée ; on se servira le mieux pour ce pesage de la balance à trébuchet ou d'une autre, si elle est sensible au moins au décigramme. Connaissant le poids à la surface et l'épaisseur du papier, il est facile d'exprimer le poids-volume d'un centimètre en grammes (page 21).

Densité. — Cette propriété du papier ne peut être déduite du volume obtenu en multipliant la surface par l'épaisseur, celle-ci étant très variable en différents endroits et demandant par suite des mesurages trop répétés ; le coefficient de densité peut, de son côté, varier très sensiblement.

Il est nécessaire, pour trouver le poids spécifique, d'employer l'analyse volumétrique, qui consiste à immerger dans l'esprit de vin le papier conservé sur du chlorure de calcium, afin de l'avoir le plus sec possible, à prendre comme point de départ le volume d'alcool déplacé, mesuré à l'aide d'une pipette très fine, puis à le comparer avec le poids absolu du papier.

Epaisseur. — On mesure l'épaisseur du papier en différents endroits, pour en prendre la moyenne arithmétique qui servira de base. Ces mesures devront être prises au moyen d'un instrument indiquant au moins à 1/100 de millimètre. Le genre d'appareils servant à mesurer l'épaisseur est indifférent, pourvu que ceux-ci satisfassent aux conditions nécessaires et soient construits de manière à ce que les organes qui viennent en contact avec la feuille de papier ne soient pas tranchants et ne pénètrent pas dans celle-ci. Il s'agit d'appliquer, au contraire, une disposition qui indique l'épaisseur au moment du contact avec le papier, ou mieux encore qui s'arrête à ce contact. A défaut d'un de ces appareils, on pourra, par exemple, mesurer l'épaisseur de dix feuilles superposées et en prendre la dixième partie. En suivant cette méthode à l'aide du palmer usité pour les métaux représenté figure 6, planche I, on arrive à fixer les épaisseurs jusqu'à 1/500 de millimètre.

Une vis a très exactement filetée avec pas de 5 millimètres fixée dans la douille b se tourne avec celle-ci dans l'écrou de l'étrier B. La partie extérieure de cette douille, divisée en vingt parties, est mobile sur une gaîne C fixée à l'étrier B. Cette gaîne est graduée de son côté par 5 millimètres indiquant les tours complets. Les tours partiels se lisent au contraire sur la douille b, au moyen de l'indicateur d, de manière que l'on peut déterminer exactement $\frac{1}{20} \times \frac{1}{2} = \frac{1}{40}$ et même $\frac{1}{80}$ de millimètre. En superposant, par exemple, dix feuilles sur l'appui o et que cette épaisseur donne le chiffre 0.5 sur la gaîne et le chiffre 17 sur la douille, l'épaisseur totale sera $0.5 + \frac{17}{20} \times 0.5 = 0^{mm},925$, et par conséquent celle de la feuille $\frac{0.925}{10} = 0,0925^{mm}$. En négligeant même le dernier chiffre, la fraction de $\frac{2}{1,000}$ de millimètre donnera une détermination d'épaisseur suffisamment exacte.

La mesure d'épaisseur représentée figures 7 et 8, planche I, fondée sur le principe du micromètre à vis différentielle, convient particulièrement aux déterminations exactes d'épaisseurs. Le pied b supporte un étrier a a, auquel est fixée la douille c; cette douille porte à sa partie supérieure un écrou m assujetti par deux petites vis, écrou qui reçoit la vis d; dans le bas se trouve une buttée en acier s, mobile verticalement, mais qu'une petite vis h, s'engageant dans une rainure, empêche de se mouvoir dans un autre sens; cette buttée forme en même temps écrou pour la vis d, qui a différents pas. En supposant qu'un de ces appareils ait, sur une longueur filetée de 20 millimètres, 39.2 pas à la partie supérieure et sur la même longueur, à la partie inférieure, 65 pas de vis, cette vis aura un pas de $\frac{20}{39.2} = 0,5102^{mm}$ de pas en haut et $\frac{20}{65} = 0,3077^{mm}$ en bas, ou une différence de $0,2025^{mm}$, c'est-à-dire presque exactement 1/5 de millimètre.

A un tour entier de la vis, la buttée s est déplacée de 1/5 de millimètre vers le bloc en acier o. Les tours entiers de la vis d se lisent sur l'échelle graduée k au moyen du disque à arête vive i fixé à cette vis. Ce disque étant divisé en 100 parties égales permet de lire exactement $\frac{1}{100}$ de tour ou $\frac{1}{100} \times \frac{1}{5} = \frac{1}{500}$ de millimètre et d'estimer même à $\frac{1}{1,000}$ de millimètre.

Pour trouver l'épaisseur du papier placé entre la buttée s et le bloc o, il suffit d'additionner les chiffres lus sur k et i et de les multiplier par 0,2025 ou, en négligeant les deux derniers chiffres, les diviser par 5.

Lorsque, par exemple, le disque i se trouve entre les chiffres 0 et 1 de l'échelle k, et que celle-ci indique le chiffre 11 sur le disque, la différence exacte de s à o sera de $0,11 \times 0,2025 = 0,022275$ ou, d'une manière assez approximative, $0,11 : 5 = 0,022$ millimètres.

Pour éviter que la vis ne continue à tourner au moment du contact de la buttée avec le papier, on a adapté à cet appareil l'ingénieuse disposition suivante : deux douilles cylindriques l et p. dont la première, celle de dessous, est fixée sur l'arbre de la vis au moyen du nez n, pendant que l'autre, celle de dessus, est folle sur cet arbre, sont pressées l'une sur l'autre par deux ressorts. Cette pression les fait engrener l'une dans l'autre au moyen de petites dents, formant ainsi un petit manchon d'embrayage. En faisant tourner avec les doigts la douille supérieure sans faire de pression longitudinale, la douille inférieure et la vis d sont entraînées par l'effet d'une tension correspondante des ressorts jusqu'à ce que la buttée s vienne toucher le papier. Aussitôt que le contact est produit, la résistance des vis dans les écrous augmente, et le frottement entre les petites dents des douilles devient insuffisant pour faire entraîner l par p ; la vis reste fixe et s'oppose à l'entraînement continu par la douille ; le broutement des dents glissant les unes sur les autres indique, du reste, l'arrêt de la vis.

M. Fischer, de Cröllwitz, a imaginé un picnomètre pour déterminer l'épaisseur des papiers, qui repose sur le principe du
vernier. Une règle a découpée en biais (fig. 9, pl. I), déplacée
dans la direction x, produit entre elle et une seconde règle b un
espace libre dont la largeur dépend de la longueur de déplacement et de l'ouverture de l'angle a, sous lequel l'arête $x\,y$ est
inclinée vers la direction $h\,x$. En désignant la largeur de cet
espace par e et la longueur $c\,b$ de déplacement par s, on a :

$$e = s \sin a$$

En admettant $a = 15°$, on a pour $e = s \times 0{,}259$.

Si la clavette a est déplacée de 1 millimètre, l'espace s'ouvre
donc de $0{,}259^{\text{mm}}$.

Le picnomètre construit d'après ce principe (fig. 10, pl. I)
consiste par conséquent dans une règle en biais a se déplaçant
contre la règle fixe b lorsqu'on la tire par le bouton d, et qu'on
l'éloigne ainsi de la règle c, également en biais.

En introduisant une bande de papier dans l'espace produit par
le déplacement de la règle, et en lâchant lentement celle-ci, cette
règle est pressée contre le papier par un ressort caché dans la
boîte f, et forcée ainsi de rester en arrière d'une quantité correspondant à l'épaisseur du papier. La règle mobile transmet son
mouvement au moyen d'une crémaillère fixe i à un petit engre-
nage fixé sur l'axe de l'aiguille z ; celle-ci indique alors sur le
cadran la valeur de l'espace produit, c'est-à-dire l'épaisseur du papier. L'espace étant couvert, l'aiguille se trouve à 0 ; complètement ouvert, c'est-à-dire exactement de 1 millimètre, l'aiguille est
sur le chiffre 100. D'après cela, les chiffres donnent exactement
les épaisseurs jusqu'à 1/100 et approximativement jusqu'à 1/200
de millimètre. Les trois règles $a\,b\,c$, ainsi que l'axe de l'aiguille,
reposent sur une plaque métallique Q vissée sur une pièce de
bois P, qui porte en même temps l'échelle recouverte d'un verre.

Une variante de ce picnomètre consiste dans la division par
1/10 de millimètre de la règle b et dans l'application à la règle
mobile d'un vernier permettant de lire également à 1/100 de
millimètre.

J'ai contrôlé les résultats obtenus par le picnomètre à graduation circulaire à l'aide de ceux que m'a donnés une mesure d'épaisseur indiquant exactement au $\frac{1}{2,000}$ de millimètre, et j'ai trouvé que ce picnomètre au $\frac{1}{200}$ de millimètre donne des indications assez exactes, et qu'il suffit entièrement pour le cas dont il s'agit. Il est, de plus, très simple et d'un prix peu élevé.

Pour permettre le mesurage d'une bande de papier sur une certaine longueur, j'ai pratiqué dans la boîte en bois et sous l'espace produit par le déplacement de la règle mobile une petite entaille donnant passage à la bande, qui peut être essayée ainsi aux endroits les plus divers. Cette bande ne devra pas avoir plus de 10 millimètres de largeur, plutôt moins, les différences d'épaisseur devenant ainsi plus apparentes.

Le Musée mécanique technologique de l'Ecole supérieure technique de Munich possède une mesure d'épaisseur d'une sensibilité remarquable. Cet appareil, dû au préparateur de l'École, M. Klebe, a une vis micrométrique de 1/5 de millimètre de pas et un levier indicateur à pendule d'une sensibilité telle qu'il permet de déterminer des épaisseurs exactes de $\frac{1}{2,000}$ de millimètre. C'est cet appareil qui m'a servi à contrôler tous les essais faits avec d'autres picnomètres.

Résistance. — Pour vérifier la résistance d'un papier, on se sert de bandes qu'on soumet à un appareil quelconque provoquant leur rupture. Ces bandes sont découpées suivant la longueur, la largeur ou la diagonale (à 45°) et prises aux endroits les plus divers de la feuille, surtout au milieu et aux bords.

Pour obtenir une moyenne arithmétique assez exacte, il est important de faire des essais répétés, qui ne laissent pas que de prendre un temps assez long. J'ai trouvé que cinq essais faits chacun sur cinq bandes ont donné des résultats suffisants, à moins qu'il ne se fût produit des écarts trop sensibles faisant conclure à des conditions anormales.

La longueur et la largeur des bandes à essayer sont également à prendre en considération. Les bandes trop larges se tendent difficilement avec uniformité, et par suite se déchirent facilement sur les bords au détriment des coefficients de résistance ; les bandes trop étroites, par contre, sont souvent coupées inexactement sur la largeur, et peuvent présenter sur une surface insuffisante des défauts provoquant une trop prompte rupture. Après une série innombrable d'essais, j'ai reconnu que la largeur de 15 millimètres était la plus convenable, et je l'ai appliquée à toutes mes expériences. En ce qui concerne la longueur, on peut admettre en général qu'il est préférable de se servir de bandes plutôt longues que courtes : les résultats sont plus certains : en tout cas, les longueurs au-dessous de 20 centimètres ne doivent être admises qu'à défaut de plus grandes. On pourra adopter pour longueur normale celle de 30 centimètres.

Les bandes destinées aux essais doivent être exemptes de plis ou de froissures, la résistance dans les parties pliées étant moindre et donnant lieu à une rupture plus facile qu'aux autres endroits ; de plus, ces bandes doivent être d'un parallélisme parfait et leurs bords d'une coupure très nette. Pour préparer ces bandes, on se servira le mieux d'une règle en acier, bien dressée sur ses côtés, de 60 centimètres de longueur sur une largeur de 15 millimètres. Le papier destiné à l'essai est placé sur une feuille de carton bien uni (le bois le plus régulier étant toujours trop peu uniforme), la règle est appuyée fortement sur la feuille et les bandes sont découpées sur les deux côtés de la règle au moyen d'une lame rigide et bien tranchante. Le découpage doit se faire sur une seule feuille à la fois, pour éviter des différences de largeur qui pourraient se produire aux feuilles inférieures.

La méthode la plus simple pour déterminer la résistance absolue d'une de ces bandes consiste à suspendre celle-ci par son milieu sur une tige ronde, à la serrer par ses deux extrémités pendantes par une pince munie d'un petit plateau de balance qu'on charge de poids jusqu'à rupture du papier. Cette manière de procéder n'indique cependant la résistance que d'une manière approximative, chaque addition d'un poids donnant lieu à un petit choc, et la constatation de l'allongement ne pouvant se faire que très inexactement. Pour arriver à des résultats plus positifs, il est préférable de se servir d'appareils spécialement construits et connus sous le nom de *dynamomètres* ou *dasymètres* (1).

Ces appareils se composent essentiellement des quatre organes suivants :

1. La disposition pour monter la bande de papier sur le tendeur ;

2. L'organe pour produire la tension nécessaire à la rupture ;

3. L'indicateur de la tension ;

4. L'indicateur de l'allongement.

La bande de papier montée sur l'appareil d'essai est prise par des pinces disposées de manière à pouvoir se déplacer quelque peu dans le plan du papier, afin de produire une tension aussi uniforme que possible et d'éviter surtout une déchirure par côté.

L'organe de tension le plus pratique est sans contredit la vis, qui produit cette tension graduellement et sans le moindre choc. Pour produire le mouvement de rotation de la vis, il est utile d'y appliquer un petit volant à main d'un poids suffisant et de tourner ce volant aussi régulièrement que possible.

Le degré de tension est indiqué, soit par une colonne liquide, soit par des ressorts. Comme la fabrication de ces ressorts a atteint une grande perfection, ceux-ci restent à peu près invariables pendant des années, malgré l'usage le plus répété ; leur emploi et leur contrôle sont de plus très simples, de sorte que ces appareils à ressorts sont devenus d'un usage à peu près général. Il suffira, par conséquent, de décrire ici ce genre d'instruments.

Pour déterminer l'allongement qui se produit avant la rup-

---

(1) L'appareil à essayer la force du papier étant généralement connu sous le nom de *dasymètre*, je continuerai à le désigner sous cette dénomination, quoique ce mot signifie plutôt mesure de densité et que le mot de dynamomètre me paraisse mieux pouvoir désigner l'instrument en question.

ture, il suffit simplement d'indiquer l'écartement des pinces avant et après la rupture, en adaptant à cet effet une échelle graduée en millimètres.

Le dasymètre construit par M. R. Horack est un appareil très simple, qui convient parfaitement pour les essais de résistance et d'allongement des papiers.

Cet appareil est représenté, fig. 11, 12, 13, pl. I. en élévation, en plan et en coupe longitudinale, au quart de sa grandeur naturelle.

Le papier devant être soumis à l'essai est engagé entre deux griffes A et A', toutes deux mobiles sur la plaque a a. La griffe A porte à sa partie inférieure un talon m faisant écrou à la vis e, dont le serrage s'opère par le bouton B, et qui avance ou recule cette griffe suivant que le sens de la rotation se fait à gauche ou à droite. La griffe A' est composée de la grande plaque b b et de la petite plaque p, qui, au moyen d'une vis à ailettes, peut être fixée à différents endroits de la plaque b b. Cette dernière est, de son côté, munie d'un talon c, qui reçoit une lame s venant s'appuyer contre le ressort plat C. En tirant sur la griffe A, la tension du papier est communiquée directement à ce ressort, qui, à son tour, transmet au quart de cercle i ses différentes amplitudes de mouvement servant de mesures de tension, par l'intermédiaire de la tige D et de la tige suspendue E ; les dents de ce quart de cercle engrènent avec un petit pignon fixé sur l'axe de l'aiguille Z, qui indique ainsi, à une échelle multiple, les variations de flexion du ressort. La marche de l'aiguille sur le cadran extérieur indique la charge en kilogrammes correspondant à ces flexions.

Afin que l'aiguille extérieure reste au chiffre indiqué au moment de la rupture du papier, la tige intermédiaire D est maintenue fortement par un ressort à boudin G appuyant sur cette tige par un petit cuir, et arrête en même temps l'aiguille au chiffre auquel la rupture s'est produite.

Pour ramener l'aiguille à 0, en vue d'un nouvel essai, la vis e est tournée au moyen du bouton B en sens contraire, la tige H est ramenée en arrière par la griffe A et remet les tiges F, E et

D dans leur position première ; un petit ressort en spirale u fait alors revenir l'aiguille à 0.

Pour mesurer en même temps l'allongement du papier jusqu'à rupture, la plaque b b est munie de trous écartés les uns des autres de 10 millimètres et destinés à recevoir la griffe A′; ces trous sont gradués de 1 à 300 millimètres, et indiquent la distance des deux griffes, et par conséquent la longueur de la bande de papier. Or, comme l'allongement de cette bande est égal à la différence des mouvements des deux mâchoires, cette différence est indiquée sur une échelle i (fig. 11) appliquée sur le côté d'une planchette mobile d, qui est rapportée en avant de la plaque d d. L'indicateur i fixé à la griffe A donne alors l'allongement en millimètres. La planchette d porte en même temps une graduation pour la largeur des bandes à essayer. Cet appareil peut essayer des bandes jusqu'à 300 millimètres de longueur et indique jusqu'à 20 kilogrammes. Pour s'assurer que les ressorts n'ont rien perdu de leur élasticité, il convient de les soumettre de temps en temps à l'épreuve, ce qui se fait facilement en introduisant sous la griffe A′ une bande de forte toile dont une des extrémités passant sur un rouleau et chargée d'un poids déterminé fait, par cette charge, avancer l'aiguille sur le poids correspondant du cadran.

Les figures 1, 2, 3, planche II, représentent un autre appareil de ce genre qui mérite une mention spéciale, parce qu'il a été imaginé par un homme du métier, M. A. Beck, fabricant de papier à Faurndau (Wurtemberg), qui s'en sert depuis nombre d'années. Le papier est pincé dans les deux griffes A et A′ dont la disposition est visible dans la figure 3. Ces griffes coulissent à leur partie inférieure sur un support taillé en queue d'aronde et fixé sur une pièce en bois b b.

La griffe A est actionnée par la vis S logée dans le support c, au moyen de la manivelle k. La griffe A′ communique, par l'intermédiaire d'une chape c et d'une tige d, avec un ressort à boudin logé dans la boite B. Ce ressort transmet, par une crémaillère à l'indicateur z, un mouvement proportionnel à la tension comme un dynamomètre ordinaire ou encore comme dans le picnomètre représenté figure 10, planche I. Une seconde aiguille m, placée sur le cadran C, servant d'indicateur maximum, est poussée en avant par l'aiguille z et reste immobile sur le chiffre indiquant la tension, lorsque l'indicateur m revient en arrière à la détente du ressort par la rupture du papier.

Les deux griffes, par le mouvement lent et régulier de la manivelle, commencent à marcher vers la droite à partir du moment où la tension de la bande de papier devient supérieure aux faibles résistances de frottement, et s'écartent l'une de l'autre d'une quantité égale à l'allongement du papier.

Pour déterminer cet allongement, on note d'abord le nombre de tours de la vis qu'on multiplie par son pas. Afin de pouvoir reconnaître les fractions de tour, la manivelle k porte une aiguille indiquant sur un cadran gradué des 1/100 de pas. La quantité du déplacement de la griffe A' est égale à celle de la contraction ou de l'allongement du ressort dynamométrique; elle est constatée, par conséquent, par la position de l'aiguille M sur le cadran C, qui porte à cet effet une seconde division graduée en millimètres.

En soustrayant les valeurs indiquées, on obtient le déplacement réel des deux griffes dont l'écartement primitif (égal à la longueur de la bande de papier) a été préalablement mesuré sur une échelle graduée sur la paroi A.

L'échelle $p\,p$, graduée en millimètres et appliquée dans une douille h à l'un des côtés de la griffe A, facilite du reste cette détermination, au moyen d'un vernier o permettant de lire au 1/10 de millimètre.

Cette échelle porte une petite bague r qu'on place, suffisamment serrée, près du vernier avant l'essai, afin qu'il ne soit pas nécessaire de lire et de noter à chaque fois les chiffres indiqués; lorsque la griffe A' est lancée en arrière, l'échelle est retenue par un petit ressort dans la douille h, et doit, par suite, après chaque essai, être repoussée en arrière, jusqu'au support de la griffe A'.

Le ressort dynamométrique de la boîte B est tellement sensible qu'il indique encore, d'une manière certaine, la faible tension de 20 grammes. L'échelle graduée a un développement de 375 millimètres et indique jusqu'à 15 kilogrammes, de sorte que la tension du ressort, étant exactement proportionnelle au poids

$$\frac{375}{15} = 25 \text{ millimètres},$$

correspond à 1 kilogramme, et 5 millimètres à 20 grammes.

Si cet appareil Beck est construit avec précision, et surtout s'il est muni d'un ressort rigoureusement exact, il doit satisfaire à toutes les exigences. Il est utile de soumettre de temps à autre le ressort à une épreuve, ce qui se fait facilement et de la même manière que pour celui du dasymètre.

Dans les deux appareils décrits plus haut, la détente soudaine du ressort et de quelques-unes des parties des organes avec lesquelles il est combiné peut donner lieu à des secousses qui, à la longue, peuvent nuire à la justesse des opérations. Lorsqu'il s'agit de faire des essais répétés, il est de plus nécessaire de noter les chiffres obtenus, ces appareils n'ayant pas d'enregistreurs.

L'appareil Reusch, représenté par les figures 4 à 7, planche II, est muni d'un enregistreur indiquant par des diagrammes l'allongement, ainsi que le poids de la rupture ; il évite donc la lecture et la notation des chiffres à chaque opération, et se prête avantageusement aux essais souvent répétés et devant être faits rapidement.

La bande de papier, coupée à une longueur de 200 à 300 millimètres, sur une largeur de 15 millimètres, est pincée par les griffes $x'x$ (fig. 7), dont la première est fixée au support a et l'autre à un chariot b porté par quatre galets cc glissant dans les rails dd du bâti e ; ce chariot, par l'intermédiaire du ressort dynamométrique f, est relié à la vis g, qui peut être tirée vers la gauche en tournant l'écrou i monté d'un volant h.

Pour éviter ici toute rotation de la vis g, on a appliqué entre celle-ci et le ressort un support mobile k guidé sur les rails dd et muni d'une crémaillère à denture fine l, qui est maintenue dans sa position horizantale et engrenée dans le secteur denté *n* sur un galet *m* rapporté contre le chariot.

Ce secteur est fixé sur un arbre horizontal *o* logé dans le chariot *b*: l'arbre *o* porte de plus, au côté extérieur du chariot, un second secteur denté *p* (fig. 6), engrenant dans la crémaillère verticale *q*; celle-ci porte à son extrémité inférieure le crayon *r*, venant s'appliquer sur une feuille de papier fixée par les bandes *t t* sur une table S et tracer sur cette feuille des lignes de diagramme.

Le tout est monté sur un socle en bois H, dont la longueur est réglée de façon que les bandes à essayer puissent avoir 1 mètre de longueur. La dimension comprise entre les deux griffes *x x'*, c'est-à-dire la longueur soumise à l'essai, peut être lue directement sur une échelle rapportée au socle H.

. L'appareil fonctionne de la manière suivante : lorsque la feuille à essayer est inextensible (ou si le chariot *b* est relié en *y y*, fig. 5, avec le support *a* par une griffe passant par dessus), la rotation du volant *h* tend de plus en plus le ressort *f*, mais le chariot reste immobile. Le guide *k* et la crémaillère reçoivent un mouvement de translation vers la gauche que les secteurs *n p* transforment en un mouvement vertical communiqué à la crémaillère *q* et au crayon *r*; ce dernier décrit ainsi la verticale *r¹* dont la longueur correspond à la tension du ressort.

Si l'appareil est mis en mouvement sans que la bande à essayer soit montée entre les deux griffes, le chariot *b* restera immobile jusqu'à ce que sa faible résistance au frottement soit surmontée, que le ressort ait reçu une tension correspondante et que, par conséquent, le crayon *r* soit descendu d'une quantité relativement faible; la distance entre le guide *k* et le chariot *b* ne change plus, et le crayon dessine une ligne horizontale *r'* (fig. 6) qui doit servir d'axe des abscisses (ligne O) à la courbe que l'on veut obtenir, si l'on veut éliminer de la manière la plus simple les résistances intérieures de l'appareil.

Si donc on a monté, comme à l'ordinaire, une bande à essayer qui présente de la résistance et soit susceptible d'extension, il est clair que la quantité du déplacement du chariot b représentera directement celle d'allongement de cette bande, et que la tension du ressort dynamométrique f (considérée comme mouvement relatif de k vers b) sera reproduite par le mouvement simultané de la crémaillère q et du crayon r; celui-ci décrira donc une courbe r^3 dont les abscisses représenteront les mesures d'allongement et les ordonnées celles des tensions correspondantes. En poussant l'essai jusqu'à la rupture de l'échantillon, un cliquet d'arrêt v, qui s'engage dans la tige dentée u, empêche le ressort f de se détendre subitement.

L'abscisse r^2 représentera l'allongement, et l'ordonnée 2,3 la résistance à la rupture.

Une disposition spéciale du support a permet encore de produire une tension initiale déterminée de la bande d'essai. Ainsi, la griffe x' est fixée à la tige α' qui est d'abord mobile dans le support a, puis est maintenue vers la droite par un faible ressort $\mathfrak{C}$. Si, après avoir monté la bande et desserré la vis à ailettes γ, on pousse le support a vers la droite, la tension du ressort $\mathfrak{C}$, et par conséquent de la bande d'essai, sera indiquée sur une échelle graduée δ (fig. 5) fixée sur le support a. Lorsque la tension initiale paraît avoir atteint un degré normal (par exemple, 50 grammes), on serre fortement la vis γ, et par la poignée ε (fig. 4) la tige α' du support a ; cela fait, on peut commencer l'essai proprement dit.

Après chaque essai, tous les organes doivent être ramenés dans leur position première ; l'écrou i du volant h est construit en deux pièces qui peuvent être démontées ou dégagées sur le filet de la vis g. En dégageant le cliquet v et en détendant avec précaution le ressort f, puis démontant l'écrou i de la vis g, on peut ramener rapidement les organes $b\,k\,f$ et g vers a'. Si le ressort est de très forte tension, il y a avantage à se servir de la vis g et de son écrou i, sans démonter celui-ci, afin de détendre en même temps le ressort en tournant la vis.

Le ressort gradué se fixe au moyen d'une petite disposition représentée figure 6, et rapportée après enlèvement du support a.

La griffe x est reliée par une forte ficelle de chanvre y au bras vertical du levier coudé $w\,w'$; ce levier repose, par un couteau d'acier, sur un coussinet du petit bloc n; le bras horizontal w est chargé de poids par la corde y. En tournant alors le volant h, le ressort se tend et l'appareil enregistreur commence à fonctionner; en répétant cette opération vers la gauche, après avoir déplacé l'appareil, on obtient sur la feuille de papier le diagramme $r\,678910$, pendant que la ligne horizontale 67910 correspond au trait de division de l'échelle du ressort.

L'appareil décrit est muni de trois ressorts de forces différentes dont voici les données :

		I	II	III
Épaisseur du fil d'acier . . . . mil.		3.5	3.5	5.4
Diamètre des spires. . . . —		68.6	51.6	79.6
Nombre —		10.5	11.5	6.5
Charge maxima . . . . . . kil.		3.5	8	20
Extension. . . . . . . mil.		83	85	75
Extension par 1 kil. de charge . —		23.7	10.6	3.75

Comme les extensions sont absolument proportionnelles aux charges, on peut très facilement dessiner pour chaque ressort une échelle permettant de mesurer les ordonnées 2,3, afin de trouver la charge exacte jusqu'à 50 grammes. Il suffit pour cela de diviser en un certain nombre de parties l'ordonnée obtenue pour la charge maxima du ressort.

Tous les essais qui devaient servir de base aux papiers types ont été faits sur la machine décrite ci-dessus ; malgré le nombre extraordinaire de ces essais, les ressorts se sont parfaitement maintenus, et l'appareil, dans tous ses organes, est d'une supériorité incontestable.

Pour éviter, à chaque nouvel essai, de rapporter une nouvelle feuille de papier sur la tablette S, celle-ci est rendue mobile au moyen d'une règle-guide B fixée par deux crochets au dos de la tablette, qui est maintenue, dans ce cas, par la vis à aillettes S.

Dans bien des cas, il ne s'agit que de faire un essai rapide de

Longueur de rupture = 2,300 m. — Allongement = 2 %.

Poids au mètre carré = 72 gr. — Cendres = 21 %.

résistance à la rupture ; pour faciliter cet essai, j'ai encore adapté le cercle A portant trois échelles graduées correspondant aux trois ressorts et sur lequel se meut un indicateur à trois pointes fixé sur l'arbre O. Les divisions ayant été faites expérimentalement et la graduation étant marquée très clairement, le poids de rupture se lit immédiatement sur l'échelle correspondante.

C. — Résumé de la marche de l'analyse

La marche de l'analyse peut être résumée d'une manière générale par l'aperçu suivant :

Dans l'essai de tout papier, on pèse d'abord une feuille d'une surface déterminée, puis on en fixe le poids au mètre carré.

Cette feuille est ensuite divisée en bandes coupées très exactement à la même largeur et prises dans les trois sens de la longueur, de la largeur et de la diagonale ; cinq de ces bandes, au moins, sont essayées, dans les trois directions indiquées, sur la machine pour en déterminer la résistance à la rupture et l'allongement.

Pendant cet essai, on soumet les bandes déchirées à l'ébullition dans de l'eau distillée ou de l'alcool dans une capsule en porcelaine ; on décante ensuite, puis on traite le liquide dans une éprouvette par la teinture ou par le papier de tournesol pour constater la présence d'un acide, ou bien, comme il est indiqué page 34, pour rechercher la colle. Le papier ainsi préparé se prête très bien à l'analyse microscopique.

La réaction de la teinture d'iode pour la recherche de la fécule, ou celle indiquée page 33 pour la recherche du bois défibré, se fait avec du papier non soumis au préalable à l'ébullition.

L'incinération, pour déterminer les substances minérales, exige de même un papier non bouilli ; cette opération se fait le mieux pendant les essais de résistance, en même temps que la détermination de l'épaisseur.

Les différents résultats obtenus, soit d'une manière directe, soit par des calculs, sont enfin insérés dans un tableau disposé comme le modèle de la page suivante.

Essai N°   des Papiers N°

SORTE	Épaisseur en millimèt.	POIDS du mèt. carré	Longueur de rupture en mètres				Allongement à la rupture en %				$R_2 : R_1$	$e_1 : e_2$	CENDRES
			Long. R_1	Larg. R_2	Moyenne R	Diag. R_3	Long. e_1	Larg. e_2	Moyenne e	Diagon. e_3			

Observations :

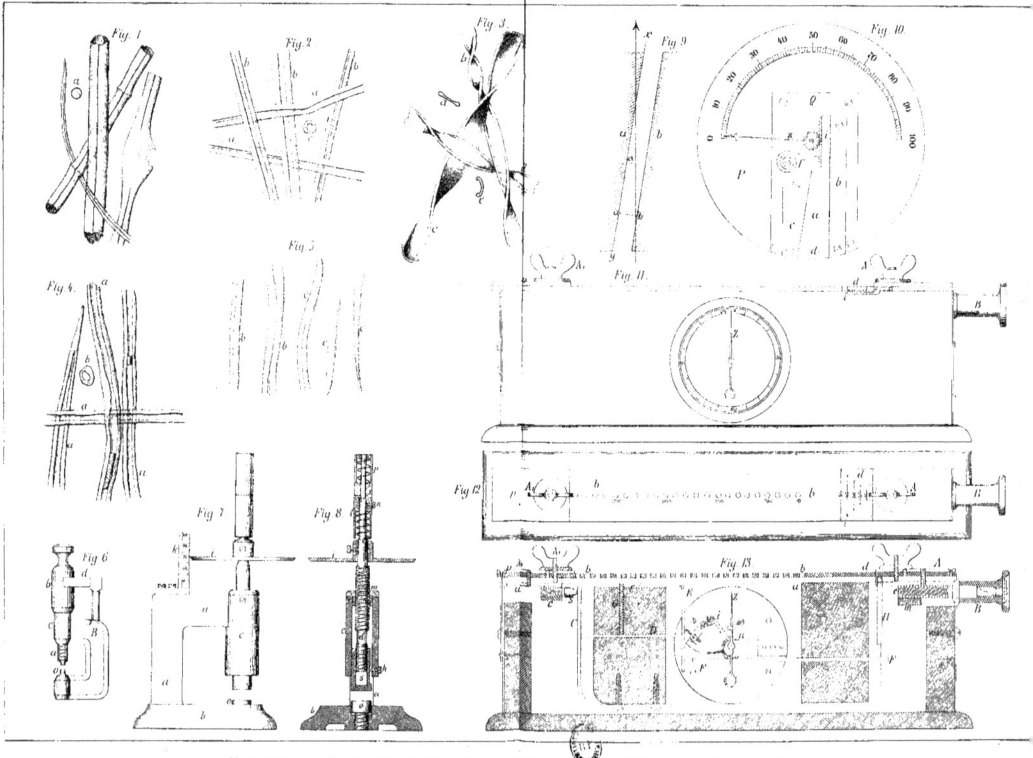
Fig. 1
Fig. 2
Fig. 3
Fig. 4
Fig. 5
Fig. 6
Fig. 7
Fig. 8
Fig. 9
Fig. 10
0
10
20
30
40
50
60
70
80
90
100
Fig. 11
Fig. 12
Fig. 13

Taille douce, superf. sans colle. Cendres 16 %. Longueur de rupture 1650 metres. Allongement 2 %.

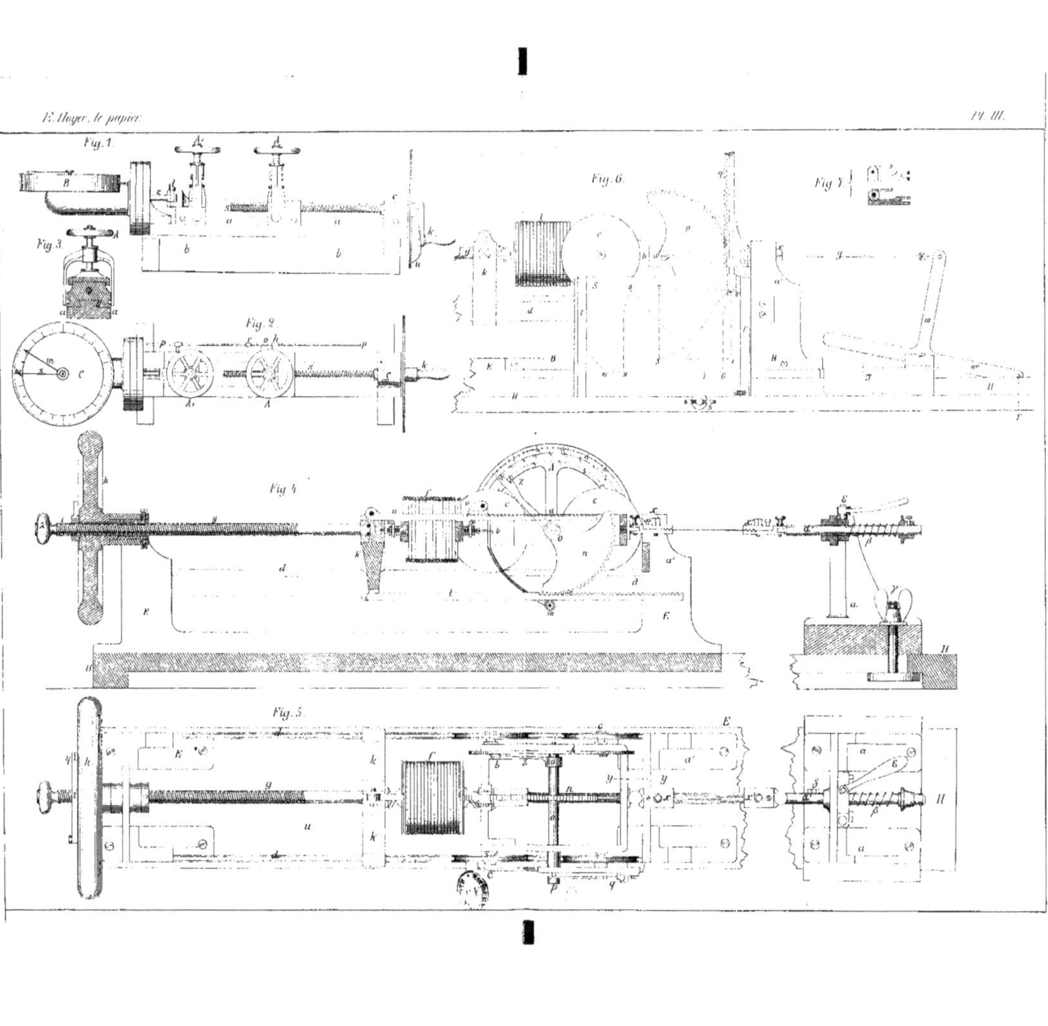
Fig. 1.
Fig. 2.
Fig. 3.
Fig. 4.
Fig. 5.
Fig. 6.
Fig. 7.

CATALOGUE

DES

INSTRUMENTS DE PRÉCISION

ET DES

RÉACTIFS

NÉCESSAIRES A L'ANALYSE & A L'ESSAI DES PAPIERS

DÉTERMINATION DES SUBSTANCES MINÉRALES

BALANCES D'ANALYSES

Trébuchet, sensible à 1 centigramme, monté à étriers doubles, plateaux mobiles, tablettes noyer.

Hauteur, 24 centimètres ; poids, 30 grammes . . . . Fr. **30**
  — 27   —   50 — **33**
  — 32   —   — 100 . . . . **40**

Balance de précision, sensible à 5 milligrammes, pouvant peser à 30 grammes, renfermée dans une cage en noyer verni.

Prix : **70** fr.

La même, pouvant peser à 50 grammes. . . . . Fr. **80**
  —   30 — sensible à 1 milligramme. **90**
  —   50 —   — . **100**

Boîte de poids, de 500 grammes. . . . . Fr. 10
— — en aluminium, division du gramme jusqu'au milligramme. . . . . Fr. 16

Fil de platine, pour l'incinération. . . . le gramme Fr. » »
Capsules de platine, 3 centimètres de diamètre. . . 35
Lampe Berzélius, à double courant d'air, avec support pour recevoir capsules, creuset, etc. 35

DÉTERMINATION DES SUBSTANCES ORGANIQUES

Boîte contenant cinq flacons : Sulfate d'aniline, Naphtylamine, Phlorogluzine (*détermination des bois*), Teinture d'iode (*pour la fécule*), Oxyde et chlorure de mercure (*pour la colle animale*). . . . . Fr. 30

Étuve en cuivre, avec thermomètre à 120° Fr. 60

Verres doubles avec bride, la paire Fr. 4

N.-B. L'étuve ci-contre sert aussi à la détermination du poids sec absolu des pâtes à papier.

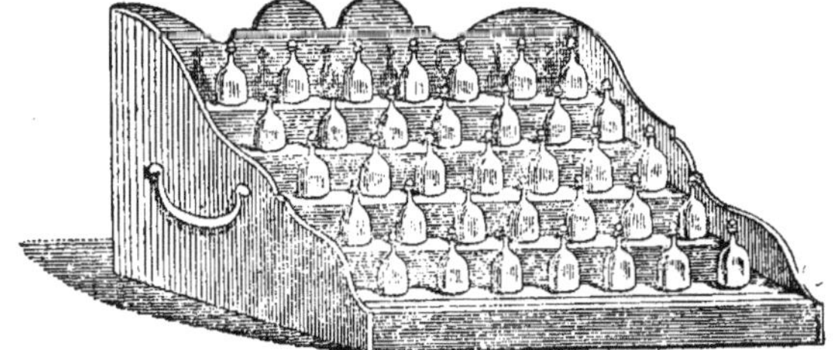

Boîte à réactifs, boîte en chêne de 33 flacons de 60 grammes, sans couvercle . . . . Fr. 80

Boîte à réactifs, boîte en chêne, de 35 flacons de 60 grammes, avec couvercle.

Prix . . . . . . Fr. 90

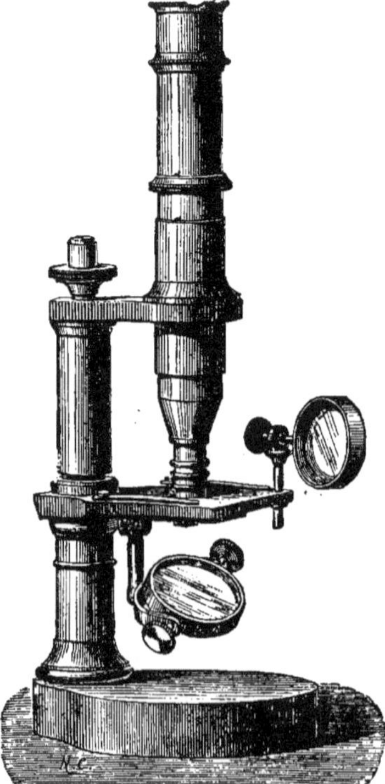

MICROSCOPES

Microscope à main, avec accessoires. . . . . . Fr. **75**

Ce microscope est parfaitement achromatique et donne un grossissement de 150 à 225 de diamètre.

Microscope de Laboratoire, monté sur colonne de cuivre, composé de 2 oculaires et un tirage grossissant de 200 à 450 fois loupe pour les corps opaques, renfermé avec divers accessoires dans une boîte en acajou à poignée.

Prix : Fr. **150**

Lames de glace pour les préparations, la douzaine . Fr. **2** »

Verres minces pour recouvrir les préparations . . . . Fr. **2** »

ESSAI DES PROPRIÉTÉS PHYSIQUES DU PAPIER

PICNOMÈTRE (Système Fischer)

Appareil déterminant l'épaisseur au 1/100 de millimètre (*Fig. 10, pl. I.*)

Prix : Fr. 40

PACHYMÈTRE

Appareil déterminant l'épaisseur au 1/100 de millimètre

Prix : Fr. 40

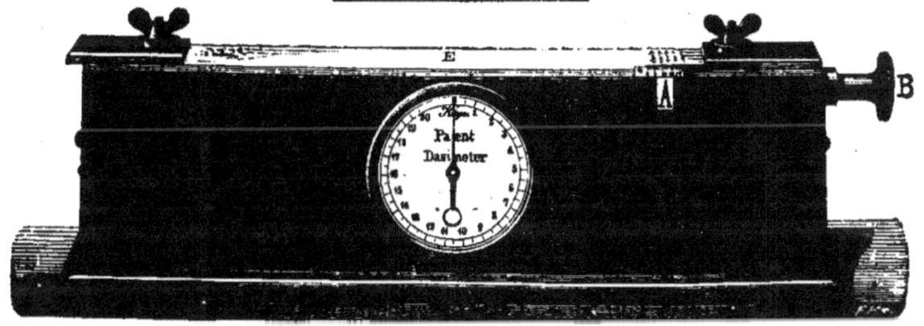

DASYMÈTRE OU DYNAMOMÈTRE

Déterminant la résistance et l'allongement du papier indiquant jusqu'à 20 kil.

Prix : Fr. 75

BALANCE PÈSE-FEUILLES

Pour papier, carton, etc., etc., avec échelle graduée

Prix : Fr. 40

MACHINES A RÉGLER

Système BRISSARD, Réglure par Disques

Machine n° **1**.

1. **MACHINE A 2 CYLINDRES**, pour réglure de papiers à lettres, à écrire, travers de registres, etc. — Largeur utile, 72 centimètres.

1 *bis*. **MACHINE A 2 CYLINDRES**, pour les mêmes travaux. — Largeur utile, 95 centimètres.

2. **MACHINE A 2 CYLINDRES**, pour réglure de **registres** avec arrêtés, comptes-courants, tableaux, cahiers avec marge.

3. **MACHINE A 1 CYLINDRE**, pour les mêmes travaux.

Renseignements, Prospectus détaillés et Échantillons sur demande

MACHINES A RÉGLER

Système BRISSARD, Réglure par Disques

Machine n° 2

La Machine n° 2 fait tous les genres de réglure, soit en continu, soit avec arrêtés, pour Registres, Comptes-Courants, Tableaux, Cahiers avec marge, etc.

Production : 12 à 1,800 feuilles par heure, des 2 côtés. Largeur utile : 72 centimètres.

Prix et renseignements complets et échantillons sur demande

Les Machines BRISSARD jouissent d'une réputation universelle et sont employées dans les plus grands ateliers de réglure de la France et de l'Étranger.

PRESSES ARTICULÉES

Remplaçant les Presses Hydrauliques
et les Presses à Percussion

La Presse articulée est mise en mouvement au moyen d'une vis horizontale inversement filetée des deux bouts, traversant les deux angles opposés d'un parallélogramme vertical articulé, dont les bras peuvent prendre toutes les positions, depuis le parallélisme horizontal jusqu'au parallélisme vertical. Une pièce rigide verticale glissant à coulisse dans le plateau supérieur, fait l'office de piston et maintient le plateau inférieur à tous les moments de sa course.

Les **Presses articulées** présentent les avantages suivants :

1° Grande facilité d'installation ;

2° Grande résistance dans les organes mécaniques ;

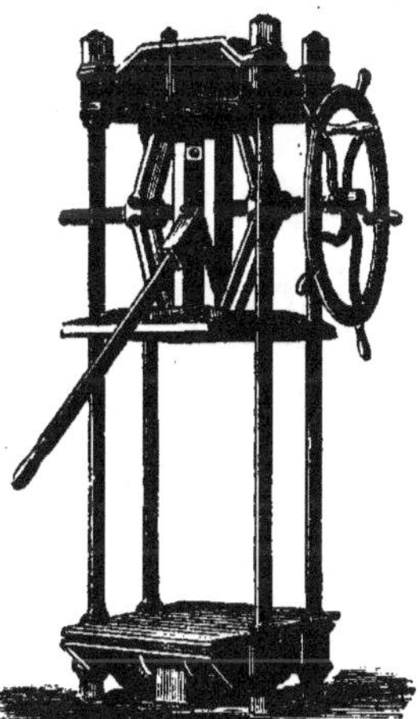

Fig. 3.

3° Pression rapide, due à la grande résistance initiale ; à chaque révolution de la vis, la force s'accumule, le plateau ralentissant son mouvement à mesure que se développe la force, de sorte qu'au dernier moment la force accumulée est presque irrésistible ;

4° Montage facile, sans aucune fondation, fonctionnement très simple et dérangement impossible ; elle occupe peu de place et coûte moins cher que la Presse hydraulique ;

5° Enfin elle maintient la pression, ce qui n'est pas toujours le cas avec les Presses hydrauliques.

Ces presses se font en différentes dimensions, avec mouvement à la main, par levier et au moteur.

Pressions de 15 à 400,000 kil.

Prix et Renseignements sur demande.

MACHINES A FOLIOTER ET A IMPRIMER A PÉDALE

S'ENCRANT SEULES

Foliotant 65,000 folios de copies de Lettres et 45,000 folios de Registres par jour

Lorsque cette machine doit être employée exclusivement pour l'impression des registres, enveloppes, têtes de lettres, cartes de visite, etc., toute la partie supérieure est renforcée, l'encrage est perfectionné et le numéroteur est remplacé par un composteur.

Si cette machine est disposée pour numéroter ou folioter, comme la figure ci-contre la représente, on peut remplacer le numéroteur par un bloc gravé pour imprimer le DOIT et AVOIR.

PRIX :

		Imprimant		Fr.				Fr.
Construction ordinaire	Nos 1	130 × 75 m/m		500	Machine seule			600
	1 *bis*	170 × 90		650	1 Numéroteur, roues acier, 3 chiffres.			200
	2	200 × 110		800	1	—	4 —	230
Disposition spéciale pour numéroter des feuilles, etc.,	Nos 1	130 × 75		600	1	—	6 —	270
	1 *bis*	170 × 90		800	1 Roue pour alterner les numéros . .			30
Longueur indéterminée	2	200 × 110		950	1 Composteur pʳ imprimer 120 × 60 m/m			20

MACHINE A PIQUER

POUR

PETITS CAHIERS

CARNETS

TARIFS

ETC.

POUR

PETITS CAHIERS

CARNETS

TARIFS

ETC.

Prix : Fr. 30

PIQUEUSE DE BUREAU

POUR

ÉCHANTILLONS

TARIFS

ÉPREUVES

ETC.

POUR

ECHANTILLONS

TARIFS

ÉPREUVES

ETC

Prix : Fr. 20

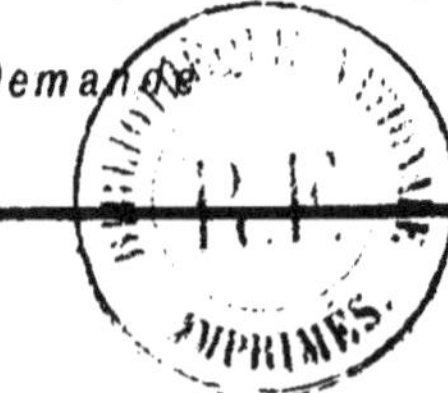

TRAITÉ PRATIQUE

DE LA

FABRICATION DU PAPIER

PAR

C. HOFMANN

TRADUIT PAR

H. EVERLING

Avec 266 Gravures sur bois et 8 planches tirées à part

1 Volume in-4°. Prix : 110 francs

Typ. T. Symonds, Paris.